Atrapando la lluvia

Historias inspiradoras de comunidades que
se unieron para recolectar su propia agua pluvial,
y cómo usted también puede hacerlo.

Lonny Grafman

Humboldt State University Press

HSU Library
1 Harpst Street
Arcata, California 95521-8299

hsupress@humboldt.edu

Diseño de Portada - Foxglove Creative
Diseño Interior y Diagramado por Marian Voicu de Layouts.ro
Diagramas por Gabriel Krause
Edición por Lori Snyder de Yoga:edit
Consultoría proporcionada por Mikaylah Rivas
Traducción al español por Mara Fernández
Con un agradecimiento especial al Arq. Wilfredo Mena Veras
Revisión y asesoramiento prestados por muchos Appropedians

ISBN 13: 978-1-947112-10-0
LCCN: 2018962843
10 9 8 7 6 5 4 3 2 Primera impresión

Lonny Grafman
con ilustraciones personalizadas por Gabriel Krause, también imágenes e inspiraciones de docenas de contribuyentes de Appropedia

En homenaje a todos aquellos increíbles forjadores del futuro, dedicados, asombrosos e indomables, con quiénes he tenido la buena fortuna de caminar.

Índice de Contenido

Tabla de Ilustraciones

Tabla de Ecuaciones

Prólogo

Los factores políticos y ambientales como la privatización del agua y la contaminación han hecho que algunas regiones sean más vulnerables a la escasez de agua y estén al borde del límite de aprovechamiento del agua. Este problema no es exclusivo de las naciones en desarrollo, ya que catorce de los países con la población más grande y las economías de más rápido crecimiento del mundo, están experimentando escasez de agua o condiciones de sequía. Y cada dia más de 4,000 niños mueren a raíz de enfermedades provocadas por la falta de agua potable. Mientras nosotros escuchamos estas estadísticas y deseamos que pudiéramos hacer algo, Lonny lo hizo.

Lonny Grafman, nos introduce al *"practivismo"*, la idea de que en lugar de decirle a la gente qué hacer, deberíamos construir algo juntos. En *Atrapando la lluvia*, Lonny nos presenta innovaciones basadas en los recursos hídricos de la comunidad que brindan soluciones a los problemas que enfrentan, como el simple acto de darle a un niño un vaso de agua potable o un lavamanos en la escuela. Lonny nos guía a través de los proyectos, con diagramas, unidades de medida, acompañado con historias que describen el triunfo de una comunidad.

Estamos en un momento en el que debemos pensar de manera innovadora y buscar soluciones a las injusticias del mundo. Lonny anima a los locales a tomar la iniciativa porque reconoce que es necesaria la organización comunitaria para el manejo y el éxito del proyecto. Acompaña a Lonny a distintos lugares del mundo, entre ellos Santo Domingo, República Dominicana y Eureka, California, y descubre que la gente no sólo se preocupa por el medio ambiente, sino también por sus hijos, la educación, sus medios de subsistencia y la de sus vecinos.

Atrapando la lluvia hará de ti un Practivista, ya que captura la esencia de la humanidad y nos da esperanza para el futuro.

- Roza Calderon, Geocientífica, activista, refugiada política, oradora pública y madre

¡QUE EMOCIONANTE!

¡QUE EMOCIONANTE! ¡SÍ! ¡SÍ! Tanto mi papá como mi mamá, que crecieron en pequeñas aldeas en México, se alegrarían de ver este libro, *Atrapando la lluvia*. Los estantes están llenos de libros para salvar a nuestra Madre Tierra, pero ¿nos muestran cómo hacerlo? No, sólo están llenos de hermosa teoría poética, mientras que *Atrapando la lluvia* nos muestra no solo cómo hacerlo, sino que individuos y comunidades enteras lo están haciendo en todo nuestro maravilloso mundo.

Mirando a través de las páginas y viendo las diferentes ilustraciones de cómo atrapar este Regalo de Lluvia del Cielo, inmediatamente vi que debería enseñarse en las escuelas, porque atrapar agua de lluvia no es algo nuevo. No, es tan antiguo como el tiempo y este pequeño libro debe entregarse a todos a través de nuestro país y el mundo.

Oh, la alegría que le llegaba a mi madre incluso cuando tenía 80 años cada vez que llovía. Ella se apresuraba a buscar macetas y botes de basura y los ponía al aire libre para atrapar la lluvia, y ella se reía y nos decía que esto es lo que ella y sus hermanas hacían antes en la Lluvia del Cañón Dorado de México. Los cinco de ellos, y su hermano y madre, corrían descalzos, llenos de risas y alegría, y se empapaban de agua mientras atrapaban este Regalo del Cielo. Y el sabor del agua de lluvia fresca, decía mi madre, era el Cielo en la Tierra.

Y esto es exactamente lo que se necesita hoy en día. En vez de que la gente busque sombrillas y corra a adentro a cubrirse y se enoje porque está lloviendo, debemos llevar a la gente devuelta a la alegría de comprender que el agua es vida y que la lluvia realmente es un Regalo directo del Cielo.

No es broma, este libro, *Atrapando la lluvia*, puede comenzar a convertirnos a todos en el mundo a comprender y apreciar que el Cielo ya está aquí, ahora mismo, en nuestra Madre Tierra. ¡Inténtalo! Corre afuera con alegría y risas, cubos y botes de basura, y atrapa la lluvia la próxima vez, y canta y baila mientras atrapas este Regalo del Cielo. Serás feliz. ¡GRANDE, GRANDEMENTE FELIZ! Y tu jardín y flores serán también GRANDE, GRANDEMENTE FELICES!

¿Puedes verlo? ¿Puedes sentirlo? Este libro, *Atrapando la lluvia* es un Regalo directo del Cielo para todos nosotros.

- Victor Villaseñor, Orador público, autor de trece libros, entre ellos incluido el best-seller *Rain of Gold*, y ha sido tres veces nominado al Premio Pulitzer.

PD ¿Crees que utilicé la expresión "Un Regalo del Cielo" en suficientes ocasiones, o debo volver y agregar algunas más?

Figura 1
Reunión comunitaria en la República Dominicana para evaluar necesidades y recursos. Observe los papeles del rota folios pegados a las paredes y el piso para cada sección de grupo.

Prefacio

He sido increíblemente afortunado. Cada día, tengo el placer de trabajar con miembros comprometidos de comunidades de todo el mundo interesados en utilizar los recursos disponibles para atender necesidades urgentes (Figura 1). Este libro resalta sólo algunos de esos proyectos, los que se enfocaron en capturar la lluvia. El diseño basado en la comunidad crea el lente a través del cual está escrito este libro, y proporciona la base para los ejemplos e historias incluidos.

En el 2005, poco después de comenzar a enseñar en la Universidad Estatal de Humboldt, fui el co-creador de un programa universitario de verano en el extranjero en el norte de México llamado Practivistas. En realidad, el programa estuvo durante años sin tener un nombre, hasta que una reunión crucial con un nuevo socio comunitario finalmente nos dio un nombre (más sobre esto más adelante). Este programa se mudó eventualmente a la República Dominicana y se convirtió en el programa Practivistas Dominicana. En el programa Practivistas Dominicana, estudiantes principalmente de Estados Unidos viajan a la República Dominicana, donde viven con una familia propia y estudian en la Universidad Iberoamericana (UNIBE) con estudiantes locales. Juntos, los alumnos locales y extranjeros trabajan en comunidades económicamente pobres, para diseñar, construir, aprender y aplicar tecnologías apropiadas[1]. Los estudiantes no vienen como turistas, sino como co-conspiradores. Los estudiantes no vienen con respuestas a cada situación, sino con un ferviente deseo de descubrir juntos las soluciones. Todo el mundo

1 La tecnología apropiada es un movimiento ideológico que involucra proyectos a pequeña escala, de mano de obra intensiva, con uso de energía eficiente, ecológicamente racionales, centrados en las personas y manejados localmente. Hazeltine, B.; Bull, C. (1999). Appropriate Technology: Tools, Choices, and Implications (Tecnología Apropiada: Herramientas, Opciones y Consecuencias). Nueva York: Academic Press, págs. 3 y 270. ISBN 0-12 -335190-1. Para mí son las tecnologías y procesos que satisfacen las necesidades actuales con los recursos disponibles mientras que al mismo tiempo refuerzan la capacidad local y mejoran el futuro. Además, son diseñados para y con las personas que los utilizan.

aporta los recursos y las habilidades que tienen a su alcance; por ejemplo, un alumno puede venir al proyecto y traer acceso a internet y habilidades de investigación, mientras que un miembro de la comunidad puede venir a la mesa con conocimientos en materia de construcción. Los estudiantes vienen con ojos frescos y los miembros de la comunidad tienen un profundo conocimiento de los sistemas existentes.

Comenzamos juntos con un proceso de comunidad abierta, priorizando las necesidades y descubriendo recursos. Empezamos sin tener ninguna idea de lo que vamos a construir, pero con amistad y confianza como nuestro punto de partida trabajamos unidos desde la idea hasta el producto acabado, todo en sólo seis semanas. De esta manera hemos construido sistemas de energía renovable y talleres, aulas de clase hechas de botellas de plástico (eco-ladrillo), bloques de construcción hechos de materiales de desecho (hullkrete), extrusoras de plástico desechado, estructuras comunitarias de bambú, y el tema de este libro, sistemas de recolección de agua de lluvia (Figura 2).

Figura 2
Los estudiantes de la escuela primaria y universitarios trabajan juntos para instalar e inspeccionar un tanque de almacenamiento de agua de lluvia para una escuela en la República Dominicana... y pasar también un momento alegre!

En el 2006, fundé Appropedia.org como un lugar para que los miembros de la comunidad, estudiantes y profesionales pudieran compartir soluciones exitosas y fracasos relacionados a la sostenibilidad, tecnología apropiada, desarrollo internacional y proyectos de reducción de pobreza. Rápidamente, nuestra comunidad creció, y con unos colegas profundamente comprometidos como Chris Watkins, Curt Beckmann, y Cat Laine, co-fundamos la Fundación Appropedia como una organización 501(c)3 sin fines de lucro.[2]

En los 11 años siguientes, Appropedia creció hasta tener miles de páginas y desarrolló una reputación por tener el contenido esencial y de campo que no puede encontrarse en ningún otro lugar. Al momento de este escrito, Appropedia ha atraído a más de 75 millones de visitas de todo el mundo. Aún más alentador para mí es que hemos tenido más de 350.000 ediciones hechas por nuestros miembros activos.

Siento una alegría tan especial cuando estoy haciendo una visita a un proyecto de tecnología apropiada y descubro que usaron Appropedia para aprender cómo hacerlo. En el 2009, estaba viendo un sistema de recolección de lluvia muy bien construido en Nicaragua que tenia un sistema de Primer Descarte (First-Flush). El Primer Descarte es un componente vital cuya necesidad es frecuentemente ignorada en los sistemas de recolección de lluvia (más sobre esto adelante). Pregunté cómo sabían construir un Primer Descarte y contestaron que lo encontraron en internet. Ocultando mi emoción, pregunté dónde en internet? Cuál página... y me dijeron Appropedia!

Esos pequeños momentos son los que resaltan la importancia de compartir. Lo que me mantiene entusiasmado y optimista es recordar cuánto conocimiento tenemos todos para compartir con los demás. En vez de reconstruir la misma rueda proverbial, podemos construir mejores ruedas e implementar soluciones reales. Si bien no existe una panacea para nuestros problemas, existen innumerables soluciones en todo el mundo listas para ser implementadas, innovadas y mejoradas.

---

2 Pearce, Josué M., Lonny Grafman, Thomas Colledge, Ryan Legg, (2008), *Aprovechando la tecnología de la información, el Emprendimiento Social, y la colaboración mundial para el Desarrollo Sostenible.* 12va NCIIA anual, 201-210.

Figura 3
Reunión comunitaria en Las Malvinas, República Dominicana.

También tengo el honor de enseñar Diseño Sostenible, energía y tecnología apropiada en la Universidad Estatal de Humboldt (HSU). La Universidad Estatal de Humboldt se encuentra en el norte de California y es el hogar de muchos esfuerzos de tecnología apropiada, como lo es el

Centro de Tecnología Apropiada, el Arcata Marsh, el Schatz Energy Research Center, y Potawot Health Village. Rodeado por seis ríos y el Océano Pacífico, le otorgamos al agua un papel preponderante en nuestro plan de estudios.

Mis clases en HSU son clases de aprendizaje por servicio, trabajando con administraciones aliadas locales, nacionales, e internacionales para abordar y solucionar problemas reales. Juntos hemos construido cientos de soluciones. La mayoría de estas soluciones siguen teniendo un impacto y están documentadas en Appropedia con detalles sobre cómo lograrlas e información de seguimiento años después de la implementación. Appropedia nos salva de re-inventar la rueda, y el aprendizaje por servicio nos evita perdernos en un mundo simplemente teórico. Los estudiantes tienen un impacto real y todo el aprendizaje tiene contexto inmediato.

Catorce años de proyectos relacionados al agua de lluvia desarrollados con los estudiantes y las comunidades llenan las páginas siguientes con experiencia práctica y de primera mano sobre los componentes, sistemas de recolección de agua de lluvia, matemáticas e historias reales. Espero que este libro sea disfrutado, aprendido y compartido!

Gratis y Libre

Los proyectos aquí descritos fueron creados por cientos de dedicados miembros comunitarios y estudiantes. Me siento muy afortunado de haber participado de alguna manera en la mayoría de ellos. Las imágenes son todas de licencia Creative Commons - Share Alike - Por Atribución (CC BY-SA). Esto significa que usted es libre de replicar y reutilizar cualquier contenido en cualquier manera que desee, siempre que atribuya el crédito por el trabajo y permita que los demás compartan la información por igual. Además, las ganancias generadas por la compra del libro físico irán directamente a la Fundación Appropedia.

Appropedia es el wiki para la sostenibilidad dirigido por la organización sin fines de lucro 501(c)3 Appropedia Foundation, que se dedica a:

Compartir conocimientos para construir vidas enriquecidas y sostenibles.

APPROPEDIA
the sustainability wiki.

1. Introducción

Si el agua es vida, el agua de lluvia es una fuente de vida. El agua de lluvia es renovación. Cada vuelta alrededor del ciclo hidrológico trae un nuevo comienzo, agua limpia y una nueva oportunidad de salud y vida. Capturar la lluvia nos permite almacenar esa agua limpia y prosperar como comunidades. Capturar la lluvia es creer en el futuro.

El propósito de este libro es compartir historias inspiradoras y potenciar el conocimiento acerca de cómo diversas comunidades han capturado ese manantial de vida utilizando sistemas de recolección de agua de lluvia. Este libro examina experiencias mundiales reales y prácticas de sistemas de recolección de agua de lluvia (sistemas de captación de agua de lluvia) a escala individual y comunitaria a través de perspectivas académicas, matemáticas y prácticas. Este libro puede ser utilizado para aprender habilidades prácticas, escuchar historias reales, y dar mayor sentido a las matemáticas.

Este libro está dirigido a profesionales, DIYers (personas que buscan soluciones que puedan hacer por sí mismos), y miembros de la comunidad en busca de soluciones de agua, así como para estudiantes y profesores de ciencias ambientales, estudios ambientales, diseño sostenible, desarrollo internacional, ingeniería y matemáticas. Hay secciones sobre la recolección de agua de lluvia de manera general, tipos de componentes, la gravedad, cálculos, historias, enlaces útiles, conversiones y conjuntos de problemas. Si está buscando inspiración, vaya directo a las historias.

Los cálculos de este libro tienen la intención de adoptar un enfoque más general. Reglas prácticas y cálculos más detallados y profundos son utilizados. Estos cálculos pueden aplicarse tanto a los procesos exclusivos de recolección de agua de lluvia, así como a sistemas que van más allá de las aguas pluviales. Las preguntas en la ultima parte del libro están diseñadas para una amplia gama de clases.

Cuando viajo y doy charlas sobre la recolección de agua de lluvia, siempre empiezo con la misma pregunta: "¿Quién es dueño de la lluvia?". Esa pregunta no tiene una respuesta única y a menudo produce respuestas creativas,

a veces increíblemente precisas, tales como a la naturaleza, a todos, a nadie, a los animales, a Bechtel, al pueblo, a la ciudad, al gobierno, a Nestlé, a quien sea que la utilizó primero, al río, y muchas más.

La siguiente pregunta que hago es, "¿Por qué *captar el agua de lluvia?*" Mi suposición es que si está leyendo este libro, ya tiene una idea de por qué. Dicho esto, he aquí algunas razones:

- Seguridad y resiliencia del agua
- Reducción del impacto para la planta de tratamiento de aguas residuales
- Calidad del agua
- Menos productos químicos
- Costo
- Mayor conexión con los recursos
- Independencia
- Menos energía
- Una reducción del impacto en los ya defectuosos sistemas de alcantarillado
- Menos escorrentía, menos erosión
- Menos procesamiento
- Recarga de las aguas subterráneas locales
- Porque funciona
- Menos residuos.

En algunas comunidades, las razones son escandalosamente evidentes - personas, en su mayoría niños, mueren de enfermedades transmitidas por el agua que pueden prevenirse. En otras comunidades, los motivos son más personales - una preocupación profunda y personal por el medio ambiente y/o motivaciones artísticas, estéticas o hasta caprichosas. A menudo, cuando la gente aprende de la energía y procesos químicos que conlleva el agua recibida, ver el agua de lluvia que no se utiliza invoca una gran sensación de desperdicio.[3] Para algunas familias, existe el deseo de conectar la unidad

3 La palabra japonesa *Mottainai* se refiere a ese sentimiento de pesar que se tienen al ver algo ser desperdiciado. Me encanta el hecho de que tener una palabra especifica para ese sentimiento de alguna manera lo hace más válido.

familiar a sus recursos naturales y consumo. En todos estos casos, la captura de la lluvia crea capacidad local y personal y exhorta a todos a construir juntos un futuro más seguro. Las secciones siguientes son una guía sobre cómo lograrlo y recuentan historias de casos donde lo han hecho.

1.1 La recolección de agua de lluvia

El concepto básico de recolección de agua de lluvia es el de recoger el agua que cae del cielo y utilizarla con un propósito más especifico y antes de que se ensucie más con el suelo. La Sección 1.2 abarca los principales tipos de sistemas, la Sección 2 describe los componentes de un sistema de recolección de agua de lluvia, la Sección 3 cubre los temas de la gravedad y presión, y la Sección 4 profundiza en los cálculos para el dimensionamiento de varios aspectos de un sistema de recolección de agua de lluvia.

La Sección 5 describe proyectos de participación comunitaria que construyeron los tipos de sistemas cubiertos en este libro, mientras que la Sección 5.7 abarca algunas organizaciones que aplican este conocimiento. Los antecedentes y la historia de la recolección del agua de lluvia son ricos y están más allá del alcance de este libro. Si usted está interesado en aprender más, por favor, consulte los recursos utilizados en la Sección 6. Por último, la Sección 7 contiene los conjuntos de problemas para poner a prueba los conocimientos y nos preparar para diseñar nuestro propio sistema.

1.2 Tipos de recolección de agua de lluvia

La recolección de agua de lluvia es una tecnología altamente adaptable. Existen multitud de soluciones a lo largo del contexto global. Los sistemas de recolección de agua de lluvia normalmente pueden ser categorizados como tipo activo o pasivo. Un sistema pasivo casi no utiliza medios mecánicos para capturar, transportar o tratar el agua de lluvia recaudada. Un sistema activo utiliza medios mecánicos y/o eléctricos para capturar, transportar y/o tratar el agua de lluvia.

A menudo evito utilizar los términos *activo* versus *pasivo* y en lugar me refiero a los mismos como tipo *Paisaje* versus tipo *Edificado*. Los sistemas tipo Paisaje de recolección de agua de lluvia, como se muestra en la Figura 1-1, utilizan las características del paisaje para absorber y/o almacenar lentamente el agua de lluvia. Los sistemas de tipo Paisaje generalmente se consideran como pasivos.

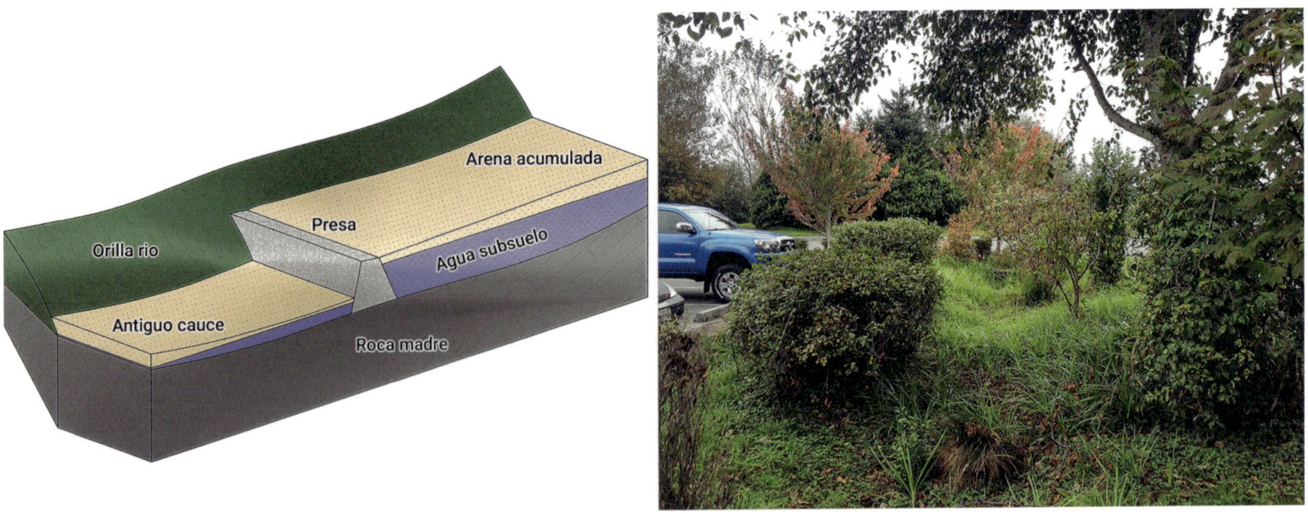

Figura 1-1
Sistema tipo Paisaje (pasivo) de agua de lluvia. Un dique de arena (izquierda - appropedia.org/Sand_dams) en un lecho de río regularmente húmedo y un bioswale (derecha - appropedia.org/Potawot_swales) fuera de un parqueo en un clima húmedo proporcionan la retención y prevención de erosión. Diagrama hecho por Gabriel Krause.

Un sistema Edificado, como se muestra en la Figura 1-2, usa recursos mecánicos y/o eléctricos para capturar, transportar y/o tratar el agua de lluvia. Los sistemas Edificados son generalmente considerados activos.

Los sistemas tipo Paisaje tienen la ventaja de un menor costo por unidad de volumen de agua. Los sistemas Edificados tienen la ventaja de proporcionar agua más limpia. Muchos sistemas incorporan aspectos de ambos, por ejemplo, transmitir el desbordamiento de un depósito construido a un depósito acoplado al paisaje.

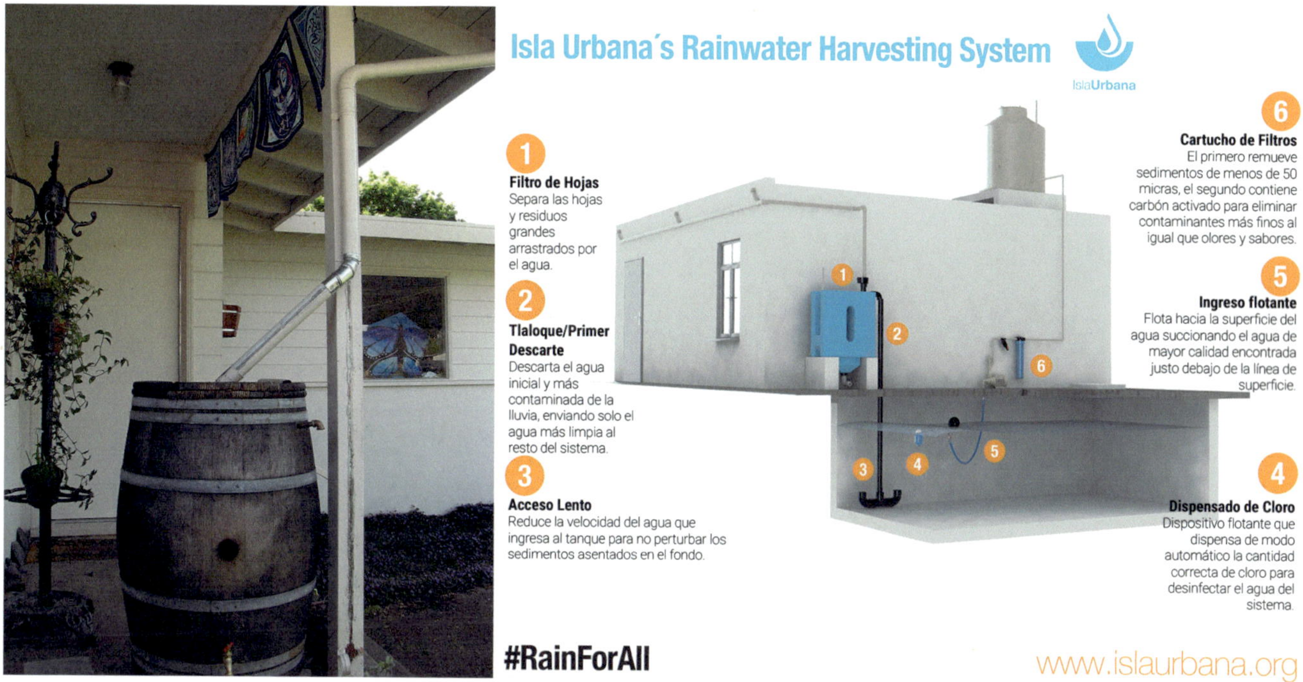

Figura 1-2

Sistema Edificado (activo) de agua de lluvia. Un simple barril de vino y bajante (izquierda - appropedia.org/Sunny_Brae_rainwater_catchment_system) en el Condado de Humboldt, Estados Unidos, y un sistema en una casa (derecha - appropedia.org/Rainwater_catchment_at_Isla_Urbana) en Ciudad México.

Los sistemas Edificados de recolección de agua de lluvia pueden ser clasificados en sistemas secos y húmedos (Figura 1-3). Un sistema seco es uno en el que el sistema de transporte (ej., bajantes) es evacuado y esta seco entre lluvias, mientras que un sistema húmedo es uno en el cual el sistema transportador permanece lleno de agua entre las lluvias. Un sistema seco a menudo tiene las tuberías elevadas, mientras que un sistema

Húmedo a menudo tiene las tuberías soterradas. Un sistema seco tiene la ventaja de que las tuberías se obstruyen y tapan menos y tiene menos insectos. Un sistema húmedo tiene la ventaja de ser capaz de canalizar el agua de manera subterránea hasta un depósito para mantener las tuberías fuera de vista sin que sean un estorbo.

Figura 1-3
Sistemas seco versus húmedo de recolección de agua de lluvia. Diagrama hecho por Gabriel Krause.

Una característica importante para todos los sistemas de recolección de agua de lluvia es la fuente de donde proviene la presión. La presión es lo que mueve el agua de un punto a otro. La fuente de presión puede ser la gravedad o bombas. Los sistemas por gravedad tienen el beneficio de un menor costo, menor mantenimiento, y suelen ser más robustos, pero dependen de una diferencia en elevación. Los sistemas de bomba tienen la ventaja de ser capaces de generar la presión necesaria independientemente del terreno disponible, pero son de mayor costo y requieren de una fuente de energía.

Un último aspecto importante de los sistemas de recolección de agua de lluvia es el alcance y/o tamaño. Los sistemas de recolección de agua de lluvia son capaces de servir desde un pequeño jardín, una casa, una escuela, una comunidad hasta un proyecto aún más amplio. Cuanto mayor sea el alcance y tamaño, más costos se ven involucrados y mayor es la cantidad de agua que puede ser utilizada.

Este libro se centra principalmente en sistemas Edificados, secos y sistemas alimentados por gravedad para jardines, hogares y pequeñas organizaciones.

2. Componentes

Los sistemas de recolección de agua de lluvia Edificados utilizan diversos componentes para satisfacer mejor las necesidades. Estos componentes se pueden dividir en: superficie de recolección, transporte (canaletas y bajantes), rejillas, Primer Descarte (First-Flush), almacenamiento, purificación de agua, y uso final (Figura 2-1).

1. **Superficie de recolección** - El área en la cual cae el agua de lluvia para ser recaudada.

2. **Transporte** (Canaletas y bajantes) - transportan el agua desde la recolección hasta el almacenamiento o uso.

3. **Rejillas** - separan suciedades y residuos del agua.

4. **Primer Descarte (First-Flush)** - desvía la primera y más sucia porción del agua de lluvia.

5. **Almacenamiento** - mantiene el agua para su uso posterior.

6. **Purificación** - Limpieza del agua hasta el nivel necesario o requerido.

7. **Uso Final** - Es lo que le da la razón de ser al sistema!

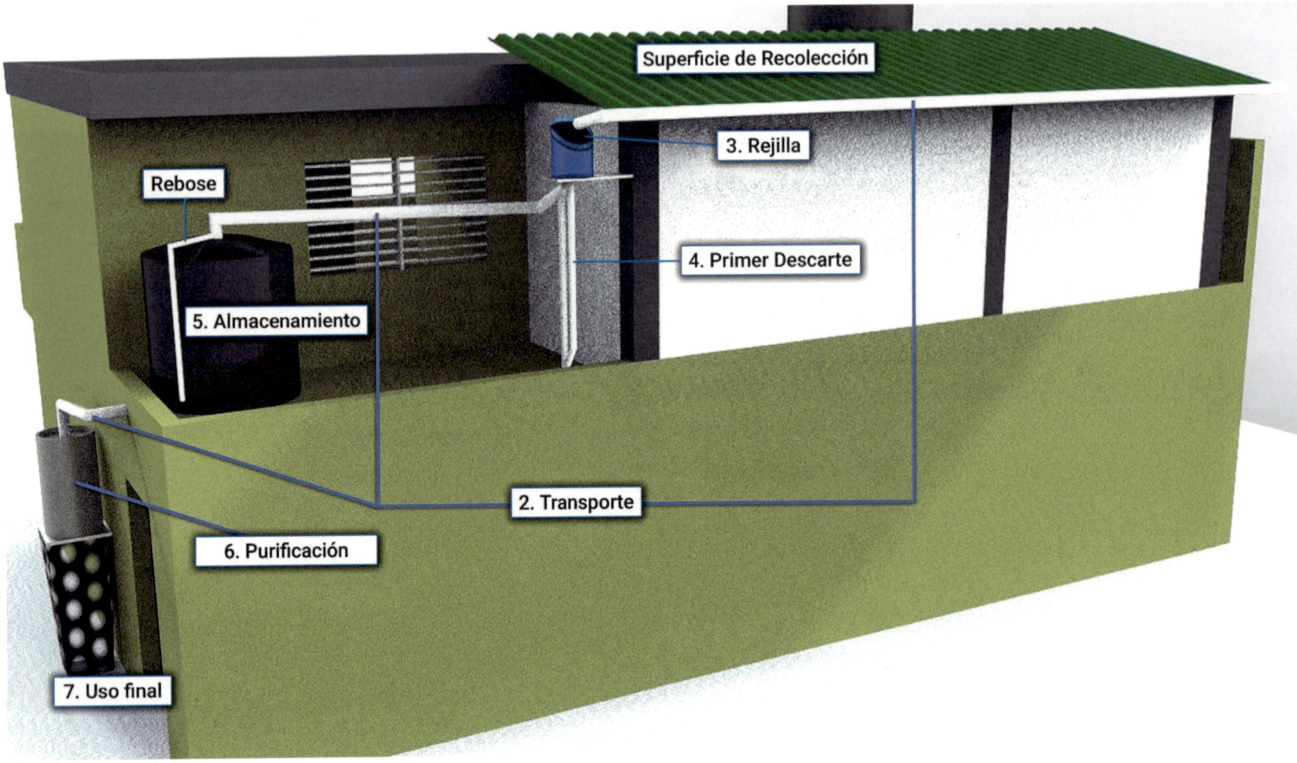

Figura 2-1
El sistema en La Yuca, con etiquetas para cada uno de los componentes principales: superficie de recolección, transporte (Canaletas y bajantes), rejillas, Primer Descarte (First-Flush), almacenamiento, purificación, appropedia.org/La_Yuca_rainwater_catchment_2011 y uso final.

2.1 Superficie de recolección

La superficie de recolección es el área en la cual cae el agua de lluvia para ser recolectada. La superficie de recolección en un sistema Edificado (activo) es normalmente un techo.

Las preguntas principales al momento de diseñar un sistema de recolección suelen ser las siguientes:

- Cuando podemos recolectar el agua de lluvia (es decir, cuáles son las estaciones)?
- Cuánta agua de lluvia podemos recolectar?
- Cuánta agua necesitamos?
- Qué es lo que podemos costear, dinero/fondos disponibles (inicial, operación y mantenimiento, etc.)?
- Cuáles son nuestros objetivos globales?
- De cuánto tiempo disponemos (inicial, operación y mantenimiento, etc.)?
- Cuáles conocimientos técnicos y equipos son accesibles?
- Para qué lo necesitamos?
- Cuáles son los factores sociales, culturales, políticos y otras limitaciones apropiadas?

La superficie de recolección es importante para responder algunas de las principales preguntas que nos planteamos, por ejemplo, para determinar cuánta agua se puede recolectar, cómo puede utilizarse la misma y qué usos finales son apropiados. El material y tamaño de la superficie es parte de la determinación del volumen total que se podrá recolectar. El material de la superficie afecta también la manera en que el agua puede ser utilizada, como se muestra en la Tabla 2-1. La altura de la superficie se utiliza para determinar dónde se puede utilizar el agua o si se necesitará una bomba.

En la siguiente tabla se enumeran materiales típicamente utilizados para la construcción de techos (Tabla 2-1):

Tabla 2-1
Superficies de recolección de agua de lluvia

Material de techo[4]	Potencial de recoleccion[5]	Seguridad del agua[6]
Paja	Baja	Baja
Mosaico	Mediana	Alta
Asfalto	Mediana alta	Baja
Hormigón	Mediana alta	Mediana
Metal corrugado	Alta	Dependiendo del revestimiento
Engatillado de metal	Alta	Alta

Los impactos que tienen los materiales utilizados en los techos aún están siendo estudiados y, en casos específicos, donde la pureza es crítica, se sugiere que el agua sea examinada

4 Méndez, C. B., Afshar, B. R., Kinney, K. Barrett, M. E., y Kirisits, M. (2010, enero). Efecto del material del techo sobre la calidad del agua en los sistemas de recolección de agua de lluvia (Effect of Roof Material on Water Quality for Rainwater Harvesting Systems). Fuente: Https://graywateraction.org/wp-content/uploads/2014/11/Effect-of-Roof-Material-on-Water-Quality-for-rainwater-Harvesting-Systems.pdf

5 Porter, D.O., Persyn, R.A., Silvy, V.A. (2004). Rainwater Harvesting. Fort Stockton, TX (La recolección de agua de lluvia. Fort Stockton, TX). Universidad Texas A&M.

6 DeBusk, K., & Hunt, W. (2014, Febrero). La recolección de agua de lluvia: Una revisión exhaustiva de literatura (Rainwater Harvesting: A Comprehensive Review of Literature). Fuente: https://repository.lib.ncsu.edu/bitstream/handle/1840.4/8170/1_NC-WRRI-425.pdf

periódicamente[7] en busca de diversos contaminantes y datos ambientales como el pH, DBO, SST, coliforme fecal, etc. Las siguientes imágenes muestran diversos materiales como techos de tejas de asfalto (Figura 2-2), Hormigón (Figura 2-3), baldosas de barro (Figura 2-4) y metales (Figura 2-5 y Figura 2-6).

Figura 2-2

Tejas de asfalto y tubo bajante hacia un barril de vino en California, Estados Unidos. El agua de las tejas de asfalto se considera demasiado sucia para uso potable. Este sistema está diseñado adecuadamente para la cisterna del sanitario y el riego de las plantas del paisaje appropedia.org/Sunny_Brae_rainwater_catchment_system.

7 Las pruebas pueden realizarse en laboratorios locales. Métodos de Licencia de Código Abierto (Open Source) y DIY son mostrados en appropedia.org/Water__quality_testing

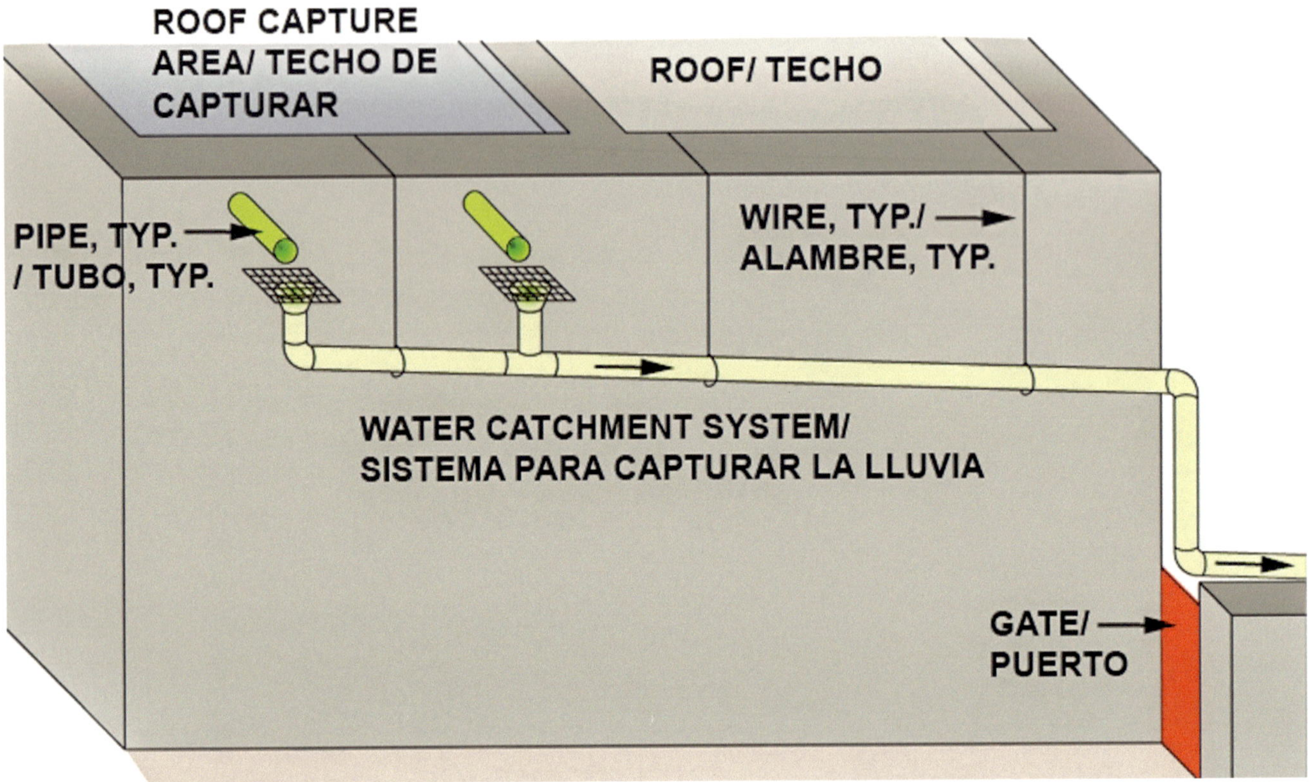

Figura 2-3

Techo de hormigón a rejillas y tuberías en Parras, México para uso en el jardín de una escuela. La recolección en hormigón es segura para regar las plantas con el agua recolectada. Sólo una sección del techo se utilizó debido a la poca demanda del jardín. appropedia.org/Daycare_rainwater_catchment_system

Figura 2-4

Techo de tejas de arcilla utilizadas para un sistema de recolección de agua de lluvia por gravedad que suministra toda el agua de la estructura principal en el Hostal Rainbow cerca de Golfito, Costa Rica. appropedia.org/The_Rainbow_Hostel_rainwater_catchment_system

Figura 2-5
Techo de metal corrugado en Santo Domingo, República Dominicana. appropedia.org/La_Yuca_rainwater_2014

Figura 2-6
Techo metálico engatillado en California, EE.UU. appropedia.org/Campus_Center_for__Appropiate_Technology_(CCAT)

2.2 Transporte (Canaletas y Bajantes)

El transporte es lo que lleva el agua captada hasta la zona donde será almacenada y utilizada. Canaletas, bajantes y tuberías sirven para transportar el agua desde la zona de recolección hacia el almacenamiento y uso final. Materiales típicos para transporte/conectores incluyen los siguientes:

- Bambú (Figura 2-7).
  - Pros: Muy barato y fácil de cultivar en muchos climas.
  - Contras: Es difícil crear las canaletas (pero más fácil para crear las secciones de transporte/conectores). Baja durabilidad.
- Placa de metal galvanizado moldeada a mano (Figura 2-8).
  - Pros: Muy asequible o fácil de obtener.
  - Contras: Es difícil de utilizar para crear articulaciones de largas distancias.
- PVC recto (Figura 2-9).
  - Pros: Asequible y fácil de trabajar.
  - Contras: Los componentes pueden ser costosos. El dimensionamiento debe ser más preciso.
- PVC cortado por la mitad (Figura 2-10).
  - Pros: Asequible y fácil de agregarle la pendiente requerida.
  - Contras: Difícil de montar.
- Cortes de PVC fijados al techo de metal corrugado (Figura 2-11).
  - Pros: Asequible y fácil de montar.
  - Contras: Dificultad para crear la pendiente necesaria.

- Aluminio al estilo "K convencional, acero, zinc, vinil o cobre. Normalmente, de 5" ó 6" (Figura 2-12).
  - Pros: Fácil de montar y obtener los empalmes/racores.
  - Contras: Más caros.

Figura 2-7
Recolector de hormigón con conectores de bambú en una estructura "Earthship" en Haití. appropedia.org/Haiti_Communitere_earthship_living_space

Figura 2-8
Placa metálica galvanizada siendo moldeada a mano (inferior derecha) para canaletas (izquierda y superior derecha) appropedia.org/Practivistas_Chiapas_rainwater_catchment.

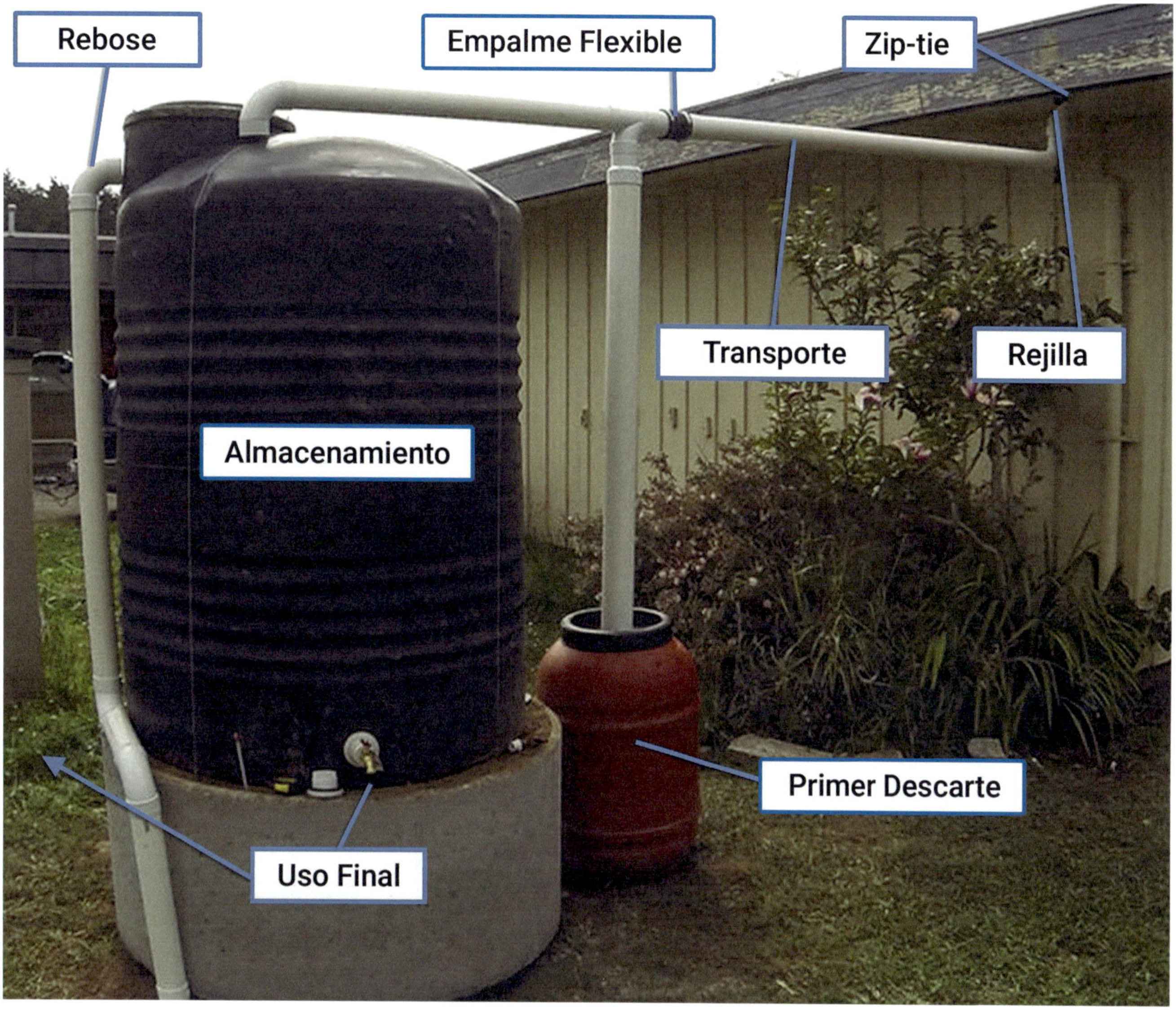

Figura 2-9

Conector en PVC en la Escuela Secundaria Zane en California, Estados Unidos. El montaje flexible sirve un propósito innovador. Un zip-tie conecta la rejilla y el tubo al toldo, de modo que los estudiantes no pueden acceder a la azotea escalando el tubo. Si un estudiante pone peso en el tubo, el zip-tie se romperá en lugar del tubo o toldo. Este zip-tie ha sido sustituido varias veces (cada reemplazo cuesta $0.05 USD) desde el momento de la instalación. appropedia.org/Zane__middle_school_rainwater_catchment

Figura 2-10

PVC cortado a la mitad con un techo de tejas en el Centro Pedregal de Demostración de Permacultura en San Andrés Huayapam, México. appropedia.org/Rainwater_catchment_at_Pedregal.

Figura 2-11

PVC abierto y presionado sobre el borde de un techo de metal corrugado (izquierda) en Santo Domingo, República Dominicana. Este estilo fue reemplazado eventualmente por una canaleta convencional tipo "K" con un protector contra salpicaduras (derecha) debido a que la falta de pendiente que causaba salpicaduras, obstrucciones y fugas de agua. appropedia.org/La_Yuca_rainwater_2014

Figura 2-12
Canaletas de PVC tipo "K" y bajante en una granja en California, EE.UU. appropedia.org/Bayside_Park_Farm_rainwater_catchment_system

Las canaletas y los conectores deben ser inclinados en la dirección del flujo de agua para prevenir la obstrucción, el estancamiento, mosquitos, y daños por congelación. Los sistemas de recolección de agua de lluvia deben utilizar una pendiente aproximada de ½ pulgada de caída por cada 10 pies. Una forma de utilizar menos pendiente es aumentando el tamaño del conector. Tres razones comunes para utilizar menos pendiente son: estéticas (de modo que el extremo final de la canaleta, no quede demasiado bajo), facilidad de montaje, y para evitar que el agua proveniente de un tejado empinado sobrepase la canaleta.

2.3 Rejillas

Las rejillas ayudan a mantener los sistemas limpios. Esto lo hacen separando los residuos recogidos del agua de lluvia antes de su almacenamiento, y a menudo incluso antes de que esta llegue a los conectores. Las rejillas requieren mantenimiento, pero al mismo tiempo es más fácil dar este mantenimiento que permitir que los residuos arrastrados por el agua de lluvia ingresen al resto del sistema. Los residuos típicos incluyen hojarasca y basura que ha caído, o se ha echado encima del techo.

Las rejillas pueden adquirirse comercialmente (Figura 2-13) o ser hechas a la medida con materiales disponibles (Figura 2-14 hasta Figura 2-17).

Figura 2-13
Rejilla de desechos comprada y colocada en el bajante de una canaleta en una granja en California, EE.UU. appropedia.org/Bayside_Park_Farm_rainwater_catchment_system

Figura 2-14

Una rejilla (centro) para evitar la entrada de basura en los tres tanques de almacenamiento (izquierda) en el Hostal ubicado cerca de Golfito, Costa Rica. appropedia.org/The_Rainbow_Hostel_rainwater_catchment_system

Figura 2-15
Rejilla en ángulo de 60° para fomentar la auto-limpieza (izquierda) y la misma rejilla con algunos residuos acumulados (derecha) en una escuela secundaria en California, EE.UU. appropedia.org/Zane__middle_school_rainwater_catchment

Figura 2-16
Botella de 5 galones cortada y cubierta con malla para filtrar desechos en Santo Domingo, República Dominicana. appropedia.org/La_Yuca_rainwater_2014

Figure 2-17
Malla utilizada como rejilla conectada al PVC usando un zip-tie por Isla Urbana en México. appropedia.org/rainwater_catchment_at_isla_urbana

2.4 Primer Descarte (First-Flush)

El Primer Descarte (First-Flush) desvía la primera y más sucia porción del agua de lluvia fuera del almacenamiento y componentes restantes del sistema. Los techos acumulan contaminación y residuos entre lluvias que es posteriormente arrastrada y disipada durante el comienzo de la próxima lluvia. Contaminantes típicos incluyen excrementos de aves, cenizas de incendios y chimeneas, y contaminación del aire acumulada de gases de escape de automóviles y emisiones industriales. Estaciones secas prolongadas, un medio ambiente altamente contaminado y zonas de recolección porosas aumentarán la cantidad de contaminación presente en un techo antes de la lluvia. El Primer Descarte (first-flush) impide que gran parte de esta contaminación entre al sistema.

Muchos sistemas son diseñados sin un componente de Primer Descarte (first-flush). De hecho, sin hacer pruebas de calidad de agua, puede tomar un tiempo notar los efectos de la no inclusión de un Primer Descarte (First-Flush). Aunque que más estudios deben llevarse a cabo, la mayoría de los estudios existentes muestran que la eliminación de la primera parte de la lluvia elimina una porción significativa de los contaminantes.8[8]

Hay dos tipos principales de Primer Descarte (First-Flush): el método pivotante y el método de pelota flotante (Figura 2-18). Ambas técnicas hacen que el sistema de recolección de aguas de lluvia sea más sano y duradero sin aumentar significativamente los requisitos de mantenimiento. Ambas técnicas incluyen un método para evacuar el agua y retornar el sistema entre las lluvias a la posición de inicio.

El método de la pelota flotante (Figura 2-19) utiliza menos piezas móviles y es más duradero que el método pivotante. En un Primer Descarte (First-Flush) con pelota flotante, la primera parte del agua de lluvia rellena el contenedor de Primer Descarte (First-Flush) hasta que la pelota flota a la parte superior y cierra el Primer Descarte, permitiendo que el resto del agua sea dirigida hacia el almacenamiento. Un pequeño

8 Yujie, Q., de Gouvello, B., y Bruno, T. (2016, junio). Caracterización cualitativa del fenómeno del Primer Descarte (First-Flush) en sistemas de techo para la recolección de agua de lluvia. En la Conferencia LID (Conferencia de Desarrollo de Bajo Impacto) del 2016.

orificio cerca de la parte inferior del compartimiento del Primer Descarte (First-Flush) permite que el agua sea evacuada lentamente después de una lluvia. Una tapa removible permite la limpieza de obstrucciones y toda la suciedad que haya sido contenida en el Primer Descarte (First-Flush) (Figura 2-20 hasta 2-23).

Dicho esto, incluso con la técnica de la pelota flotante hay algunas salvedades y dificultades importantes. La principal fuente de problemas es el pequeño orificio:

- Se llena fácilmente de obstrucciones. Es importante asegurarse de que el agujero este lo suficientemente alto como para que los residuos sólidos acumulados en la parte inferior del Primer Descarte (First-Flush) no lo bloqueen. La utilización de una tapa removible para poder limpiar el área del Primer Descarte (First-Flush) es alentada. Además, adjuntar una herramienta para limpiar el agujero alienta el mantenimiento adecuado.
- El pequeño orificio puede expulsar un chorro de agua de alta velocidad, dependiendo de la altura del agua que haya por encima del mismo. Hay que asegurarse de dirigir el flujo de un modo útil y que no favorezca la erosión.
- El agujero debe ser lo suficientemente pequeño como para que el agua no sea evacuada con demasiada rapidez. Estudios actuales sugieren un goteo para desviar menos agua de eventos pluviales al mismo tiempo.
- Es importante probar el sistema y su funcionamiento llenando la recámara del Primer Descarte (First-Flush) con agua.

Método Pivotante versus Flotante de Primer Descarte

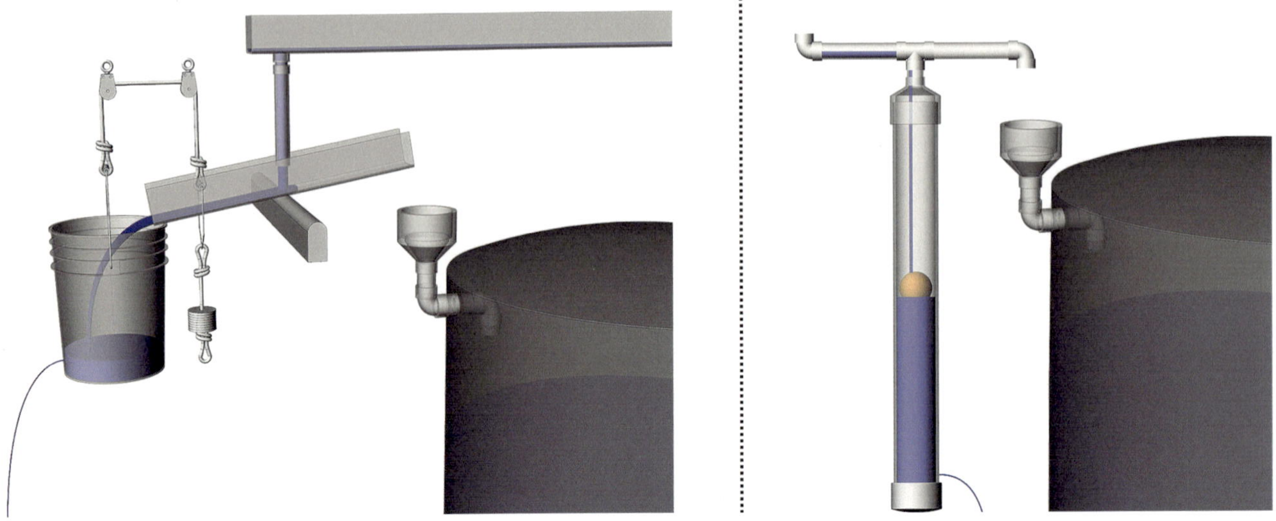

Figura 2-18

Método de Primer Descarte (First-Flush) pivotante (izquierda) en comparación con el método de flotación (derecha). Diagramas hechos por Gabriel Krause

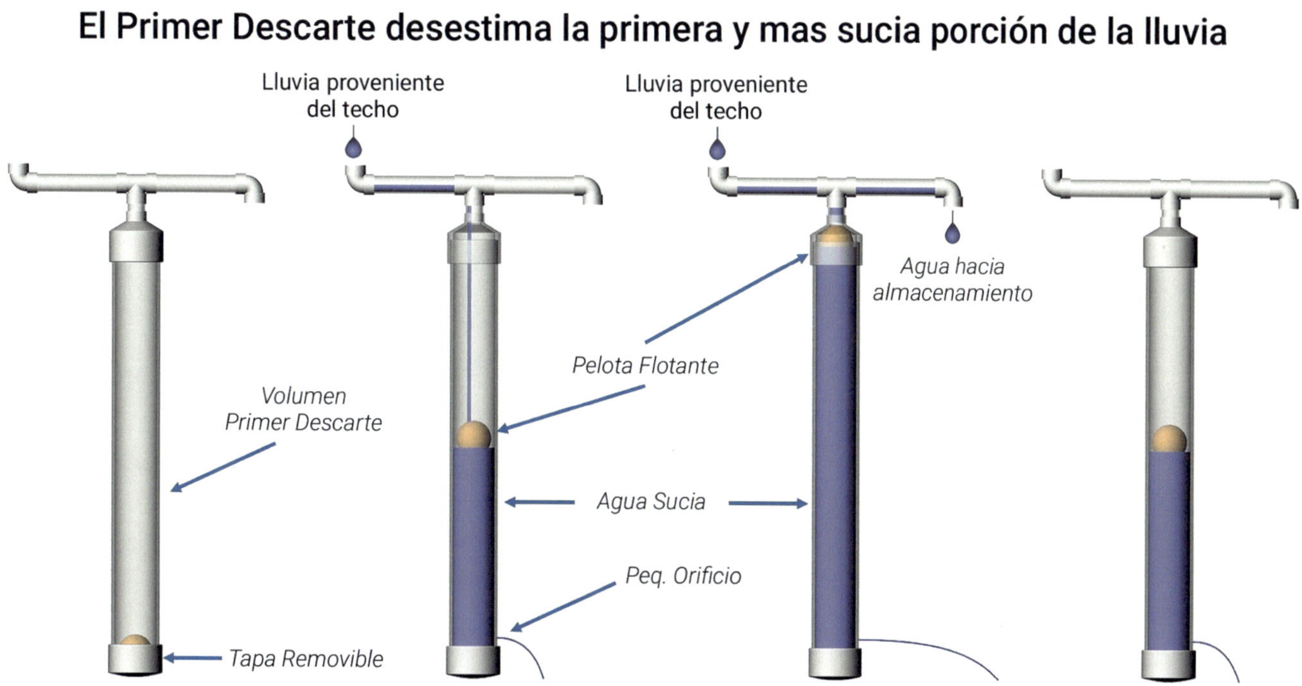

Figura 2-19

Primer Descarte (First-Flush) tipo pelota flotante. La primera parte de la lluvia rellena la recamara de Primer Descarte hasta que la pelota flotante alcance la parte superior y cierra el contenedor de Primer Descarte, permitiendo que el resto de la lluvia sea dirigida hacia el almacenamiento. Un pequeño orificio permite que el agua retenida del Primer Descarte sea evacuada después de la lluvia. Tener en cuenta que el caudal del orificio ha sido exagerado para propósitos de demostración. Una tapa removible permite la limpieza de obstrucciones y suciedad arrastradas con el agua del Primer Descarte. Diagrama hecho por Gabriel Krause.

Figura 2-20

Primer Descarte (First-Flush) (tubo vertical largo en el lado izquierdo) con filtro en la parte superior y almacenamiento a la izquierda. La tapa removible y pelota flotante han sido removidas (inferior izquierda). Sistema de jardín guardería en Parras, México - appropedia.org/Daycare_rainwater_catchment_system. Primer Descarte de 208 litros (derecha) diseñado por Isla Urbana. appropedia.org/Rainwater_catchment_at_Isla_Urbana.

Figura 2-21

Dos tubos de PVC de 4" (izquierda) son utilizados, en lugar de uno solo, para hacer el Primer Descarte (First-Flush) del volumen necesario, usando piezas que estaban disponibles en Santo Domingo, República Dominicana. No había un tubo lo suficientemente grande disponible. Cada tubo tiene un orificio de drenaje en la parte inferior dirigido contrario a la pared. Las tapas removibles se encuentran al final de cada T en la parte inferior del Primer Descarte appropedia.org/La_Yuca_rainwater_2014. Un barril de 20 galones (derecha) en la parte inferior de un bajante tipo T en el Santuario sin fines de lucro de arte Arcata en Arcata, California - appropedia.org/Sanctuary_rainwater

Figura 2-22

Primer Descarte (First-Flush) de 15 galones en el Campus del Centro de Tecnología Apropiada en California, Estados Unidos. Bajante transparente lleno de algas (izquierda). Este fue eventualmente sustituido por un tubo de PVC opaco (derecha) para prevenir el crecimiento de algas. appropedia.org/CCAT_rainwater_catchment_system

Figura 2-23

Una válvula parcialmente cerrada puede ser utilizada en lugar de un pequeño orificio para evacuar lentamente el agua desviada. Esto permite la fácil limpieza del sistema periódicamente abriendo la válvula completamente y cerrándola nuevamente a una posición parcial.

El agua desviada del Primer Descarte (First-Flush) todavía puede ser utilizada para objetivos que no requieran agua limpia, tales como en procesos y equipos de limpieza o el riego de plantas ornamentales.

La solución de una válvula/grifo parcialmente cerrada en la Figura 2-23 es ligeramente más cara que la de un pequeño orificio, debido al costo de la válvula/grifo en contraposición a la perforación de un agujero. Este costo adicional puede ser compensado por no necesitar una tapa inferior removible. Sin embargo, el método de perforación del orificio nos presenta una interesante cuestión social, el hecho de que las personas suelen cerrar la válvula/grifo completamente si ven que está goteando. Pero la válvula/grifo debe continuar goteando, de modo que el agua contenida por el Primer Descarte (First-Flush) sea completamente evacuada y la recamara quede lista para recibir el agua sucia de la próxima lluvia. Por lo tanto, es necesario contar con letreros apropiados o un método para evitar el cierre completo de la válvula/grifo.

2.5 Almacenamiento

El almacenamiento retiene el agua para su uso posterior. El uso posterior puede tomar lugar entre lluvias frecuentes, requiriendo entonces un menor volumen de almacenamiento o durante la estación seca, requiriendo un mayor volumen de almacenamiento. El almacenamiento típico para sistemas Edificados (activo) incluye tanques de almacenamiento de plástico (Figura 2-24), tanques de agua de lluvia comerciales, tambores de 55 galones (Figura 2-25), ferrocemento construido a la medida (de cemento o cal, con arena, aplicado sobre una malla de metal como las de cercado) tanques (Figura 2-26), y Cubitanques (IBCs) (Figura 2-27).

Figura 2-24

Ejemplos de contenedores de plástico. 2,500 galones (superior izquierda) para el jardín y usos de emergencia en Eureka, California, EE.UU. appropedia.org/M_Street_Eureka__rainwater_catchment. 1,500 galones (superior derecha) para uso doméstico en Oregón, EE.UU. appropedia.org/Ersson_rainwater_harvest_and_purification. 500 galones (inferior) para el uso de huertos escolares en Eureka, California, EE.UU.

Figura 2-25

Estanque cercado de 900 galones soterrado (izquierda) en un sistema húmedo donde la tubería pasa por debajo de un camino y hacia el tambor de 55 galones en un centro comunitario en Arcata, California, EE.UU. appropedia.org/Sanctuary_rainwater. El recipiente de lluvia de 2,000 litros en uso en el noreste de Tailandia (derecha) puede costar tan poco como $20 USD. appropedia.org/Rainwater_harvesting

Figura 2-26

Tanques de ferrocemento de diversos tamaños: Un tanque de 19,000 litros (izquierda) para el uso de una pequeña comunidad en Chiapas, México. Uno incorporado en una estructura de tierra "earthship" (centro) en Haití Communitaire. Un depósito de 9,950 litros (derecha) con cubierta de arcilla en un Centro de Demostración de Permacultura en San Andrés Huayapam, México.

Figura 2-27
Cubitanques (IBCs) de 275 galones siendo preparados para el almacenamiento de agua a bordo de "Swale", un bosque de alimentos flotantes en Nueva York. Ver appropedia.org/Working_with_IBC_totes para más información sobre el trabajo con IBCs. appropedia.org/Swaleny.

En todos los sistemas, es importante pensar acerca del peso, la prevención de plagas y el efecto del vacío. Un vacío puede ser introducido en un sistema relativamente sellado por la rápida evacuación del almacenamiento. Una vez introducido el vacío, puede impedir que el sistema continúe funcionando. Se puede crear un vacío a modo de ejemplo al (1) llenar una botella con agua, (2) invirtiendo la botella bajo agua, (3) levantando la botella mientras mantiene la boca de la misma por debajo del nivel del agua y (4) aquí se puede observar que la botella está llena de agua aunque la misma está mayormente por encima del nivel del agua donde estaba sumergida (Figura 2-28). Esta agua evacuaría si se perfora un pequeño orificio en la base de la botella, o si se levanta la botella por encima de la línea de agua, permitiendo que entre el aire.

Figura 2-28
Demostrando un vacío con una botella de agua suspendida encima de la línea de agua de un río.

Para evitar cualquier vacío, un orificio respiradero (un orificio encima de la línea de agua que permita que el aire circule libremente dentro y fuera del sistema) debe ser perforado, y generalmente se incluye en cualquier depósito de plástico convencional. Este orificio respiradero puede ser de doble propósito con el tubo de rebose si es necesario (Figura 2-29). En ambos casos, los agujeros deben ser cubiertos con malla de mosquitos para prevenir mosquitos (en las regiones pertinentes). El peso del tanque puede ser calculado mediante las fórmulas en la Sección 3.1. El peso puede ser de importancia crítica, debido a que los sistemas pueden fallar si el almacenamiento se torna demasiado pesado para la plataforma, o lo que es peor, el techo o la colina en la cual se asienta (Figura 2-30).

Figura 2-29
Orificio respiradero y desborde cubierto con rejilla para mosquitos en Santo Domingo. appropedia.org/La_Yuca_rainwater_2014

Figura 2-30

El peso del barril de 60 galones rompió la paleta y desplazo la tierra no compactada debajo de la misma. Esta rotura resulto en tubos y empalmes doblados, amenazando el funcionamiento de todo el sistema de recolección de agua de lluvia.

2.6 Purificación de Agua

La purificación limpia más el agua de lluvia, según el uso final y la necesidad de pureza. El agua de lluvia recolectada en estos sistemas, sobre todo en los sistemas que utilizan Primer Descarte (First-Flush), puede ser utilizada para muchas aplicaciones sin necesidad de purificación. Por ejemplo, para regar plantas ornamentales no se necesita Primer Descarte o purificación, y el riego de plantas comestibles depende del contexto. Sin embargo, el agua potable siempre requiere cierta purificación. Algunos ejemplos típicos de purificación (también conocido como tratamiento de agua) incluyen:[9]

- **Filtros de cartucho -** utilizan con mayor frecuencia la sedimentación convencional, cerámica, y filtros de carbón activado (Figura 2-31).
  - Pros: Fácil de incorporar, precisos.
  - Contras: Más caros.
- **Filtros de carbón activado -** utilizan la absorción química para atraer los contaminantes a su superficie. Puede ser incorporado en un filtro de cartucho.
  - Pros: Elimina los compuestos orgánicos volátiles, sabores y olores. Elimina el cloro. Funciona de manera excelente como parte de una cadena de tratamiento con otros filtros.
  - Contras: No es eficaz en la eliminación de virus y bacterias.
- **Filtros de cerámica -** utilizan un laberinto de orificios microscópicos para filtrar los contaminantes según su tamaño.
  - Pros: Se puede fabricar localmente. Se pueden limpiar con un cepillo.

9 El tema de purificación del agua podría tomarse un libro completo. Ver más en http://www.samsamwater.com/library/RAIN_Rainwater_Quality_Policy_and_Guidelines_2008_v1.pdf y http://www.appropedia.org/Water_purification.

  - Contras: La velocidad del flujo es lenta. Se pueden obstruir fácilmente. Generalmente no son eficaces contra los virus, especialmente si se realizan localmente.

- **Filtros de membrana de fibra hueca -** usan una barrera semipermeable para filtrar los contaminantes según su tamaño. A menudo son incorporados en un recipiente.
  - Pros: Pequeños filtros de micras (0.1 micras) pueden filtrar eficazmente las bacterias, protozoos, o quistes, incluso los menores (0.02 micras) pueden también filtrar los virus. Larga vida útil e índices de flujo de agua relativamente altos en comparación con un filtro de cerámica.
  - Contras: Se pueden obstruir fácilmente cuando son utilizados con agua sucia (con muchos sedimentos). Costo inicial relativamente caro. Los malos sabores y olores no son removidos como lo son con el carbón activado.

- **Filtros lentos de arena -** (Figura 2-31 y 2-32) utilizan capas de arena y grava con una capa biológica desarrollada en la parte superior denominada schmutzdecke.
  - Pros: Barato y asequible.
  - Contras: Lentos; se requiere una gran superficie; menos precisos.

- **Biorremediación -** emplea organismos vivos como tratamiento, como micorremediación con hongos o fitorremediación con plantas vivas.
  - Pros: Resistente y regenerativo.
  - Contras: Menos preciso[10] y más sensible.

- **Desinfección solar de agua (SoDis)** - usa botellas de plástico en la luz solar para purificar el agua mediante calor y rayos UV.
  - Pros: Es muy barato y asequible.
  - Contras: Solo hace la desinfección, no hay purificación. Necesita sol y agua de baja turbidez (que es fácil de obtener con agua de lluvia).

- **Pasteurización solar -** utiliza el sol para llevar el agua a cierta temperatura, por debajo del punto de ebullición, por una cierta cantidad de tiempo.
  - Pros: Menos requisitos energéticos que llevando el agua a punto de ebullición.

10 La biorremediación es mucho más fácil de incorporar en los sistemas de recolección de agua de lluvia tipo Paisaje, en contraposición a un sistema tipo Edificado.

  - Contras: Solo hace la desinfección, no hay purificación. Necesita sol y un área de mayor tamaño.

- **Destilación solar -** utiliza el sol para acelerar la evaporación del agua y recoger la condensación en la superficie.
  - Pros: Energía relativamente barata en comparación con otros combustibles. Produce un agua más limpia que otros métodos, por ejemplo, realiza la purificación.
  - Contras: Se requiere una gran superficie necesaria; más caro. Depende del sol.

- **Ebullición (hervido) -** requieren energía, generalmente madera o combustibles fósiles, para hervir el agua.
  - Pros: Asequible y común.
  - Contras: Costoso en tiempo y energía. Solo hace la desinfección, no hay purificación.

- **Ósmosis inversa -** utiliza energía eléctrica para aplicar presión y empujar el agua a través de una membrana permeable al agua.
  - Pros: Puede utilizarse con agua salobre. Produce agua fiablemente limpia (excepto cuando el filtro tiene algún defecto físico o biológico).
  - Contras: Muy caro y delicado. Uso intensivo de energía. Requiere deshacerse de desechos de salmuera.

- **UV -** utiliza radiación ultravioleta, generalmente con una lámpara eléctrica como fuente, para evitar que los microorganismos se reproduzcan alterando su ADN.
  - Pros: Muy eficaz contra los virus y bacterias, siempre que el agua sea visualmente clara.
  - Contras: Caro y conlleva un uso intensivo de energía. No funciona contra contaminantes no biológicos.

- **Cloración -** utiliza cualquiera de una serie de formas de cloro para desinfectar el agua matando muchos patógenos (organismos causantes de enfermedades).
  - Pros: Muy común para la desinfección del agua y eficaz en el tratamiento de muchas de las formas más comunes de enfermedades transmitidas por el agua, por ejemplo, el cólera, la fiebre tifoidea y la disentería.
  - Contras: Necesita una gestión cuidadosa debido a que el cloro y sus productos pueden ser muy tóxicos. Requiere un suministro de cloro.

- **Electro cloración -** utiliza una corriente eléctrica a través del agua salada para producir hipoclorito de sodio. Esto es sólo una forma especial de cloración, pero merece una mención especial por las siguientes ventajas que hacen de este proceso un buen candidato para agua potable a escala de aldea.
  - Pros: Común y eficaz para la desinfección del agua y el tratamiento de muchas de las formas más comunes de enfermedades transmitidas por el agua. No necesita un suministro de cloro. Produce cloro en niveles relativamente seguros.
  - Contras: Requiere una fuente de energía eléctrica. Requiere conocimientos mecánicos y eléctricos.

Figura 2-31

Este filtro de arena lento (izquierda) no se ganó la confianza de la comunidad (véase la Sección 5.2 para más información) y finalmente fue reemplazado por un filtro de cartuchos de sedimentos y carbón (derecha). appropedia.org/La_Yuca_rainwater_catchment_2013

Figura 2-32
Ejemplos de antes y después de un filtro de arena lento en Swale, el bosque de alimentos flotante en Nueva York. El pre-filtro de agua (izquierda) es el agua de lluvia que se ha infiltrado en la sentina (compartimento bajo la cubierta) de la barcaza, donde se torna mucho más sucia. El agua post-filtro (derecha) es tomada directamente después de la filtración lenta de arena. El agua más clara de la derecha indica la eficacia de los filtros lentos de arena. Pruebas de laboratorio posteriores también confirmaron estos resultados. Crédito: Liz Lund, CC BY-SA

A menudo es posible y conveniente utilizar los métodos mencionados de purificación de agua en serie para un tratamiento adicional. Por ejemplo, sistemas con el propósito de proveer agua potable pueden utilizar un filtro de arena lento seguido de tratamiento UV. Los filtros lentos de arena limpian el agua para que una lámpara UV relativamente pequeña pueda ser utilizada para la purificación final de la actividad biológica.[11]

Los distintos métodos de tratamiento van dirigidos a diferentes patógenos. Por ejemplo, la radiación UV es más eficaz contra los parásitos, mientras que el cloro es más eficaz contra los virus.[12]

2.7 Uso final

El uso final se refiere a cómo y dónde el agua se utilizará finalmente. No hay un motivo real para recolectar el agua de lluvia sin tener un uso final para la misma. Los destinos finales típicos incluyen agua potable, jardinería, paisajismo, limpieza, etc.[13] Como hemos mencionado antes, el agua potable presenta un desafío mayor que los otros usos finales, que pueden incluir la limpieza, enjuague, lavado, riego, etc.

---

11 La mayoría de métodos de tratamiento no son eficaces en la eliminación de metales pesados pero algunos filtros de carbón activado especializados pueden eliminarlos. La mayoría de los sistemas de recolección de agua de lluvia no conllevan niveles peligrosos de metales pesados. Los metales pesados pueden introducirse en el polvo y contaminación industrial, o provenir de los materiales de construcción del sistema de recolección de agua de lluvia. En caso de duda, puede que sea recomendable examinar el agua en busca de metales pesados.

12 Comisión de Calidad Ambiental de Texas (2007). La recolección, el almacenamiento y tratamiento de agua de lluvia para uso doméstico de interiores (Harvesting, Storing, and Treating Rainwater for Domestic Indoor Use). Fuente http://rainwaterharvesting.tamu.edu/files/2011/05/gi-366_2021994.pdf

13 Existen muchos otros usos finales. Una vez ayudé en un sistema de pre-remojo barriles de vino antes de que fueran utilizados para vino. Ese fue un proyecto sabroso y fructífero.

Además el nivel de pureza necesario, la cantidad de presión necesaria para un uso final también afectará nuestras decisiones. Algunos sistemas necesitan una presión significativa, por ejemplo, ducharse, mientras que otros sistemas necesitan menos, como el riego por goteo. Ver las imágenes en la Figura 2-33 y a lo largo de este libro para ver más ejemplos de diferentes casos de uso final. Cuanto más grande sea la diferencia de altura vertical entre el almacenamiento de agua y la salida de agua, mayor será la presión, como se describe en la Sección 3.

Figura 2-33
Este sistema en California, EE.UU. proporciona almacenamiento de agua para situaciones de emergencia, como un terremoto, y para su uso en los jardines y el gallinero. appropedia.org/M_Street_Eureka_rainwater_catchment

2.8 Letreros y Señales

Todos los sistemas necesitan letreros o etiquetas que sirvan para instruir a los usuarios directos. El letrero más importante es el que muestra si el sistema es o no de agua potable. Además de letreros y etiquetas, considere avisos y diseño de punto positivo (point-positive) en su sistema.

Los avisos o recordatorios ayudan a los usuarios a hacer lo correcto recordándoles gentilmente. Por ejemplo, si un usuario está supuesto a limpiar el orificio de desagüe regularmente, considere la posibilidad de colocar la recamara de Primer Descarte (First-Flush) cerca y de frente a una ruta utilizada habitualmente para que el usuario vea el agujero y recuerde limpiarlo.

El diseño de punto positivo (point-positive) se centra en lo que un usuario debe hacer, en lugar de lo que no debe hacer. Por ejemplo, si un sistema es sólo para uso en plantas ornamentales, además del letrero que dice "Agua No Potable", considere la posibilidad de colocar el sistema de riego permanente de una forma que sólo alcance las plantas ornamentales y no las comestibles o el bebedero.

La comunicación a través de signos es un arte muy sutil. Considere el uso de símbolos comunes y letreros con la menor cantidad de palabras posible para evitar la saturación. Además, es importante hacer un prototipo o piloto de señalización. Un prototipo es una forma de probar rápidamente si el sistema de señalización funciona o no. Los letreros prototipo pueden hacerse con cartón y marcadores, antes de cambiarlos por materiales más indelebles. Cuando se está trabajando con prototipos o durante el piloto, se debe observar cómo la gente usa el sistema sin su orientación para ver qué errores pudieran surgir. La señalización confusa en el Bayside Park, una granja de agricultura apoyada por la comunidad y parque educativo en Bayside, California, causo que el agua de lluvia fuera sumamente infrautilizada. El letrero (Figura 2-34) especifica que el agua del Primer Descarte (First-Flush) no debe ser utilizada en el riego de las plantas. Luego de cambio y rotación de empleados, ese mismo letrero fue interpretado en el sentido de que ninguna de las aguas de lluvia (no solo el agua del Primer Descarte) debían ser usadas en los cultivos. Por lo tanto, el agua sólo se utilizaba para la limpieza de herramientas, lo que a su vez significo había mucha más agua en almacenamiento de la necesaria.

Figura 2-34
Señalización confusa en el Bayside Park Farm en Bayside, California. El nuevo personal entendió que el letrero, que decía "No utilice esta agua para las plantas!" significaba que ningún agua de lluvia recolectada debía ser utilizada para las plantas, cuando en realidad la advertencia aplicaba únicamente al agua del Primer Descarte (First-Flush).

Dado que la seguridad es primordial, todos los sistemas de agua de lluvia no potable, especialmente aquellos asequibles al público, deben estar bien señalizados para evitar que el agua sea bebida. Tanques o grifos/llaves de agua sin tratar deben ser etiquetadas de acuerdo a las regulaciones locales o método acostumbrado para evitar el consumo o ingesta accidental. (Figura 2-35)

Figura 2-35
Plantilla de advertencia para todas las aguas pluviales sin tratar.

3 Presión

La presión es crítica para mover el agua desde donde es recolectada o almacenada hasta el punto donde será utilizada. En un sistema de recolección de agua de lluvia, el agua debe poder fluir desde la recolección a través de los filtros y transporte hasta el Primer Descarte (First-Flush), almacenamiento o uso final. Esta presión puede ser proporcionada por gravedad obtenida de la diferencia de altura vertical o por una bomba.

Para tener una idea general de cuánta presión se necesita: la presión de agua residencial típica en Estados Unidos está entre 40 a 80 psi (libras por pulgada cuadrada); en sistemas de riego por goteo típicos (y algunos micro-rociadores de aspersión) necesitan entre 15 a 25 psi; y algunos sistemas de riego por goteo de tecnología apropiada sólo necesitan de 4 a 10 psi.

Además del flujo desde la recolección hasta el almacenamiento, el flujo desde el almacenamiento hasta el uso final es crítico. Utilizar la topografía existente y/o plataformas puede con frecuencia producir suficiente presión para el uso final. Si es necesario, una bomba puede ser utilizada para obtener la presión suficiente. Mientras que utilizar una bomba aumenta la presión, también aumenta la inversión y los costos operativos.

La gravedad que actúa sobre la altura vertical de la columna de agua es lo que produce la presión, también conocido como *cabeza*. Es importante no confundir el volumen con presión (cabeza). Por ejemplo, una torre de agua de 20 pies de altura de 8,000 galones tiene la misma presión de agua que una tubería de 20 pies de altura de 80 galones. Para ilustrar este efecto, se puede imaginar (o crear) un tubo en U con extremos de dos diámetros diferentes y una válvula entre ellas (Figura 3-1). Luego llenar el tubo del diámetro más grande con agua. A continuación, verificar donde queda el nivel de agua una vez que se abra la válvula. Puesto que la presión del agua es independiente del volumen, los niveles deben ser iguales entre sí (esto también es conocido por la frase de que el "agua busca su propio nivel").

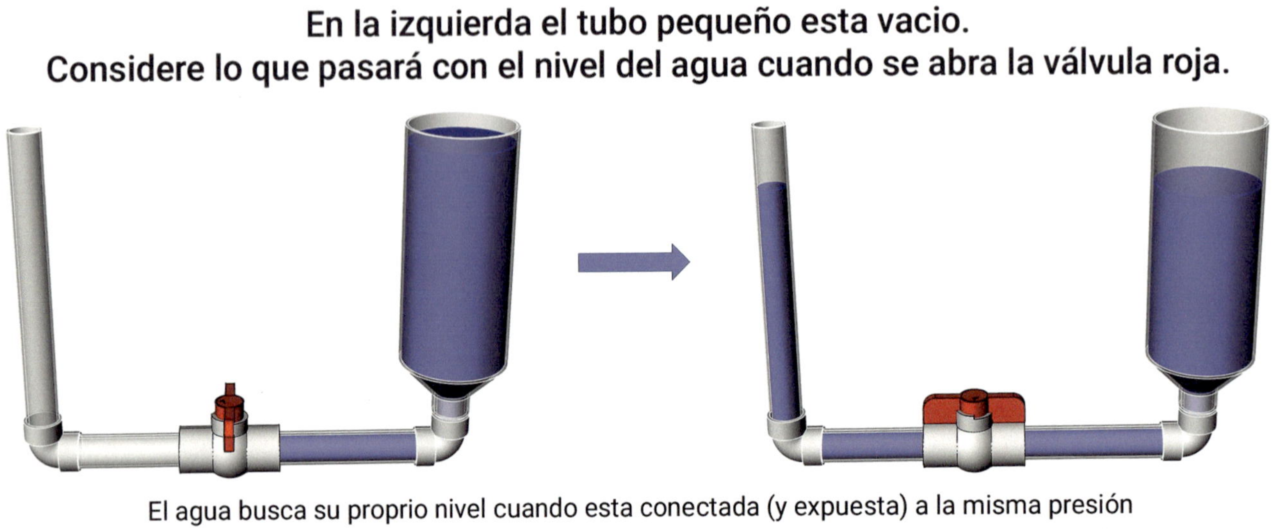

Figura 3-1

Un tubo en U con dos tubos de diferentes diámetros (izquierda) comienza con una válvula cerrada para mantener el tubo de mayor diámetro lleno. Cuando la válvula está abierta (derecha) y el agua puede fluir entre los tubos, observe que el nivel de agua desciende a la misma altura en ambos tubos. La presión del agua es independiente del volumen; es una función de profundidad, no de amplitud. Diagrama hecho por Gabriel Krause.

Otro experimento para convencerse de que la presión del agua depende de la altura y no del volumen es sintiendo la presión en la parte inferior de una piscina de 10 pies de profundidad comparada un lago de agua dulce de 10 pies de profundidad. Estas dos presiones deben sentirse igual. Por lo tanto, la presión (cabeza) existente en un sistema puede determinarse midiendo las alturas disponibles y aplicando física básica o un factor de conversión estándar.

3.1 Masa y peso

Antes de calcular la presión, vamos a calcular la masa de nuestro almacenamiento. Como hemos dicho antes, el peso es críticamente importante ya que los sistemas pueden fallar si el almacenamiento se torna demasiado pesado para la plataforma, o lo que es peor, demasiado pesado para el techo o la colina donde se ha colocado el almacenamiento. Además, saber cómo calcular el peso de almacenamiento da inicio al cálculo de la presión, que es fuerza sobre área donde la fuerza es el peso del agua.

Para calcular la masa, utilizamos la siguiente fórmula:

Ecuación 1
Masa de densidad y volumen.

$$m = \rho * V$$

Where:

- m = masa
- ρ = densidad del líquido (es decir, masa/volumen, que para el agua es de aproximadamente 1,000 kg/m^3 ó 62.4 lb/ft^3 ó 8.34 lb/gal)[14]
- V= volumen de almacenamiento.

14 Esto es a 4°C. Dicho esto, hemos redondeado la mayoría de las cosas en este libro a aproximadamente tres cifras significativas, así que los valores son lo suficientemente cercanos al valor real para todos nuestros escenarios de agua de lluvia. Conversiones comunes en la Sección 6.1 - Unidades relacionadas al agua.

Para el tanque de 500 galones en la figura 2-24, se calculará la masa en libras:[15]

$$m = \rho * V = 8.34 \frac{lb}{\cancel{gal}} * 500\ \cancel{gal} = \mathbf{4{,}170}\ \boldsymbol{lb}$$

Sabiendo que 1 tonelada = 2,000 lb, podemos ver que el tanque de 500 galones es de:

$$4{,}170\ \cancel{lb} * \frac{1\ ton}{2000\ \cancel{lb}} = \mathbf{2.085}\ \boldsymbol{tons}$$

Por lo tanto, nuestro tanque de 500 galones pesa poco más de 2 toneladas, que es aproximadamente el mismo peso que un vehículo pequeño, tres vacas lecheras, o más de 20 personas adultas!

Para el tanque de ferrocemento de 19,000 litros en la Figura 2-26, se calcula la masa en kg, recordando que en Unidades SI (Sistema Internacional de Unidades, por ej, metro, kilogramo, segundo, etc) 1,000 litros equivale a 1m3, así:

$$19{,}000\ \cancel{litros} \cdot \frac{1\ m^3}{1{,}000\ \cancel{litros}} = \mathbf{19}\ \boldsymbol{m^3}$$

Y:

$$m = \rho * V = 1000 \frac{kg}{\cancel{m^3}} \cdot 19\ \cancel{m^3} = \mathbf{19{,}000}\ \boldsymbol{kg}$$

En este punto puede usted notar que impresionantes son las Unidades SI, pero son aún más impresionante que eso; recuerde que 1 kilogramo se define como igual a 1 litro de agua, de modo que:

$$m = \rho * V = 1 \frac{kg}{\cancel{litro}} * 19{,}000\ \cancel{litros} = \mathbf{19{,}000}\ \boldsymbol{kg}$$

15 En la Tierra, lbm (libras de masa) y libras lbf (libras de fuerza) son iguales. Nos referiremos a ambas como lb.

Hay que tener en cuenta que esto es bastante pesado y es aproximadamente el peso de 10 vehículos Tesla Modelo S60 o aproximadamente 300 adultos.

3.2 Calculando la presión

La presión es crucial porque es lo que mueve el agua de un punto a otro. Una dificultad común al diseñar un sistema de recolección de agua de lluvia es la de proporcionar suficiente presión para el uso final. Para sistemas con techos bajos o donde la topografía presenta un desafío (ej. el área de recolección se encuentra en una depresión), a veces sólo se puede obtener suficiente presión con una bomba. La presión de la altura vertical de agua, también llamada *cabeza*, puede encontrarse usando la siguiente ecuación:

Ecuación 2

Definición de presión como fuerza sobre área

$$Presion = \frac{Fuerza}{Area}$$

La densidad del agua[16] es 62.4 lb/ft^3, que es fuerza/volumen. Sabiendo que el volumen es igual al área * altura (V=A*h), podemos convertir esa densidad de peso a presión multiplicándolo por la altura vertical del agua.

$$Presion\ del\ agua(P) = \frac{Fuerza}{Area} = 62.4\frac{lb}{ft^3} * altura\ del\ agua$$

A modo de ejemplo, encontrar la presión de agua de 1 pie de altura:

16 Este es el peso por volumen, específicamente para agua alrededor de 500°F. El valor cambia a 62.43 lb/ft3 a 400°F. Http://www.engineeringtoolbox.com/water-specific-volume-weight-d_661.html

$$P = 62.4\frac{lb}{ft^{\cancel{3}2}} * 1\cancel{ft} = 62.4\frac{lb}{ft^2}$$

Por lo tanto, la presión de 1 pie de agua es de 62.4 lb/ft^2. Por desgracia, las medidas de presión no son encontradas normalmente en estas unidades. Para convertir lb/ft^2 a la medida más convencional psi (libras por pulgada cuadrada), utilizamos el hecho de que 1 pie es igual a 12 pulgadas:

$$P = 62.4\frac{lb}{\cancel{ft^2}} * \frac{1\cancel{ft}}{12\ in} * \frac{1\cancel{ft}}{12\ in} = 0.433\frac{lb}{in^2} = 0.433\ psi$$

Esto demuestra que la presión de 1 pie de agua es de 0.433 psi, que es el principio de conversión comúnmente usado:

Ecuación 3

Conversión en campo para presión.

0.433 psi por cada pie vertical de agua

Se puede utilizar cualquiera de estos procesos para encontrar la presión causada por la altura vertical del agua. Por ejemplo, para resolver la presión ejercida por 20 pies de agua (por ejemplo, en el fondo de un depósito de 20 pies de altura lleno):

$$P = 62.4\frac{lb}{ft^{\cancel{3}2}} * 20\cancel{ft} = 1,248\frac{lb}{\cancel{ft^2}} * \frac{1\cancel{ft}}{12\ in} * \frac{1\cancel{ft}}{12\ in} = 8.67\frac{lb}{in^2} = 8.67\ psi$$

Ó

$$P = \frac{0.433\ psi}{\cancel{ft\ de\ agua}} * 20\ \cancel{ft} = 8.66\ psi$$

Por lo tanto, 20 pies verticales de agua ejercen una presión de 8.66psi. Dicha presión es suficiente para el lavado de manos, el riego, y la mayoría de líneas de riego por goteo.[17]

17 La pequeña (0.01 psi) diferencia es debido a errores de redondeo. También hay que tener en cuenta que esta es la presión estática, así que vamos a tener menos presión dinámica realmente disponible (debido a la pérdida de presión del agua en movimiento).

Además, hay que tener en cuenta las diferencias entre la presión estática y la presión dinámica. Presión estática se refiere a la presión cuando el agua no está fluyendo. Presión dinámica se refiere a la presión cuando el agua está fluyendo. La presión estática es siempre superior a la presión dinámica porque la fricción en el movimiento del agua reduce la presión existente en la parte inferior del sistema. Si calcula la presión estática como justo lo suficiente para que el agua llegue de un punto a otro, en realidad esta podría no ser suficiente para que el agua llegue a causa de la pérdida de presión dinámica cuando el agua está en movimiento. Cuanto más largo sea el tubo y el menor el diámetro, más grande será la pérdida.

4. Cálculos

La sección anterior sobre la gravedad y las siguientes secciones sobre los cálculos se utilizan para determinar el tamaño necesario de los componentes de construcción de sistemas Edificados (es decir, activo) de recolección de agua de lluvia como los mencionados en este libro. Estos componentes pueden con frecuencia ser calculados con reglas prácticas, pero los cálculos de mayor profundidad y detalle, crearán una comprensión más profunda y la habilidad de adaptar a sistemas más personalizados. Hacer los cálculos nos crea un arsenal de herramientas y da la capacidad para aplicar el conocimiento entre diferentes tipos de sistemas de agua de lluvia, e incluso entre sistemas totalmente diferentes, como los de agua de lluvia y de aguas grises.

4.1 Uso

Normalmente los sistemas de recolección de agua de lluvia son dimensionados en base a la oferta o demanda. En cualquier caso, es importante calcular, y tal vez incluso conservar, la demanda.

Para un mismo sistema pueden existir muchas fuentes de demanda con diversos métodos para determinar sus demandas relativas, por ejemplo:

- Lavamanos o Fregaderos
- Duchas
- Maquinas Lavaplatos
- Lavadoras de ropa
- Retretes o sanitarios
- Mangueras de jardín
- Irrigación de granja
- Ganadería
- Fugas

Las lavadoras de ropa y los sanitarios son medidos en volumen por uso. Aquí hay algunos valores típicos:

- Maquina Lavaplatos: Muchas máquinas antiguas utilizan 10-15 gal/ciclo. Muchas máquinas Energy Star utilizan 4-6 gal/ciclo.
- Las lavadoras de ropa: Muchas máquinas antiguas utilizan 40-45 gal/ciclo. Una máquina Energy Star tamaño completo utiliza aproximadamente 13 gal/ciclo.
- Sanitarios: Muchos sanitarios antiguos utilizan 3.5-7 gal/descarga (GPF). Un sanitario Watersense de alta eficiencia utiliza sólo 1.28 GPF.

Después de determinar el uso de agua de las máquinas de lavado y sanitarios, se puede contar o calcular el número de usos durante un cierto período de tiempo (por ejemplo, por mes) para determinar la demanda de dichas máquinas.

Ecuación 4
Caudal volumétrico.

Fregaderos, duchas, mangueras de jardín y varias fugas de hogar, entre otros elementos, son determinados por su caudal volumétrico y el tiempo de utilización. Caudal volumétrico "Q" es el volumen de agua que pasa a través de un área de corte transversal en una cantidad de tiempo determinada. Dos ejemplos comunes son galones por minuto (GPM) y litros por segundo (LPS). El caudal volumétrico se define con la siguiente fórmula:

$$Q = \frac{V}{t}$$

- V = volumen
- Q = caudal volumétrico
- t = tiempo

Por lo tanto, el volumen puede definirse como:

$$V = Q * t$$

Por ejemplo, un cabezal de ducha de bajo flujo usa 1.5 GPM. Si se toma una ducha relajada de 11 minutos, el volumen es:

$$V = Q * t = 1.5\frac{gal}{\cancel{\text{min}}} * 11\frac{\cancel{\text{min}}}{uso} = 16.5\frac{gal}{uso}$$

Si se hace esto diariamente:

$$16.5\frac{gal}{\cancel{uso}} * 1\frac{\cancel{uso}}{\cancel{dia}} * 30\frac{\cancel{dia}}{mes} = 495\frac{gal}{mes}$$

Las demandas de irrigación de granja y ganado dependen de muchos factores técnicos y ambientales. La determinación de esas demandas están fuera de los temas cubiertos en este libro. Observar el uso existente para cada mes del año pasado (o incluso mejor, promedios mensuales a largo plazo) en su ubicación es un gran punto de inicio.

4.2 Área de Recolección

Cae la lluvia. En la recolección de agua de lluvia, nuestro trabajo consiste en retener esa lluvia y utilizarla con un propósito. El área de recolección es la zona que intercepta la lluvia. Conocer el área de recolección es el primer paso para calcular el volumen de agua que puede ser capturado de la lluvia. Un techo plano es un gran ejemplo de una área de recolección. Otro ejemplo es un barril abierto bajo la lluvia, en la que el área de recolección sería simplemente la circunferencia de la parte superior abierta del barril.

Para determinar un área de recolección, debemos suponer que la lluvia cae de manera completamente vertical.[18]Esto significa que no importa cuál sea la pendiente del techo, es solamente la huella (es decir, la proyección vertical) lo que determina la cantidad de lluvia que se puede capturar (es decir, volumen de recolección).

Las dos edificaciones en la Figura 4-1 tienen plantas idénticas y techos diferentes. El techo plano (izquierda) es igual tanto en la huella de la construcción y área de recolección. El techo inclinado (edificio de la derecha) tiene una mayor área de construcción que el techo plano. Imagine que tomamos el techo inclinado y lo colocamos completamente horizontal; su área sería mucho mayor. Si el área del techo de la izquierda es de 1,200 pies cuadrados, el área del techo de la derecha es de 1,600 pies cuadrados. Sin embargo, dado que la lluvia cae verticalmente, sólo ve los 1,200 pies cuadrados de área de recolección creada por la huella idéntica de 1,200 pies cuadrados de ambas edificaciones.

18 Aunque este no es siempre el caso. Una vez trabajé en una comunidad cerca de un volcán en El Salvador, donde la lluvia siempre parecía caer en un ángulo específico y empinado y por tanto no completamente vertical.

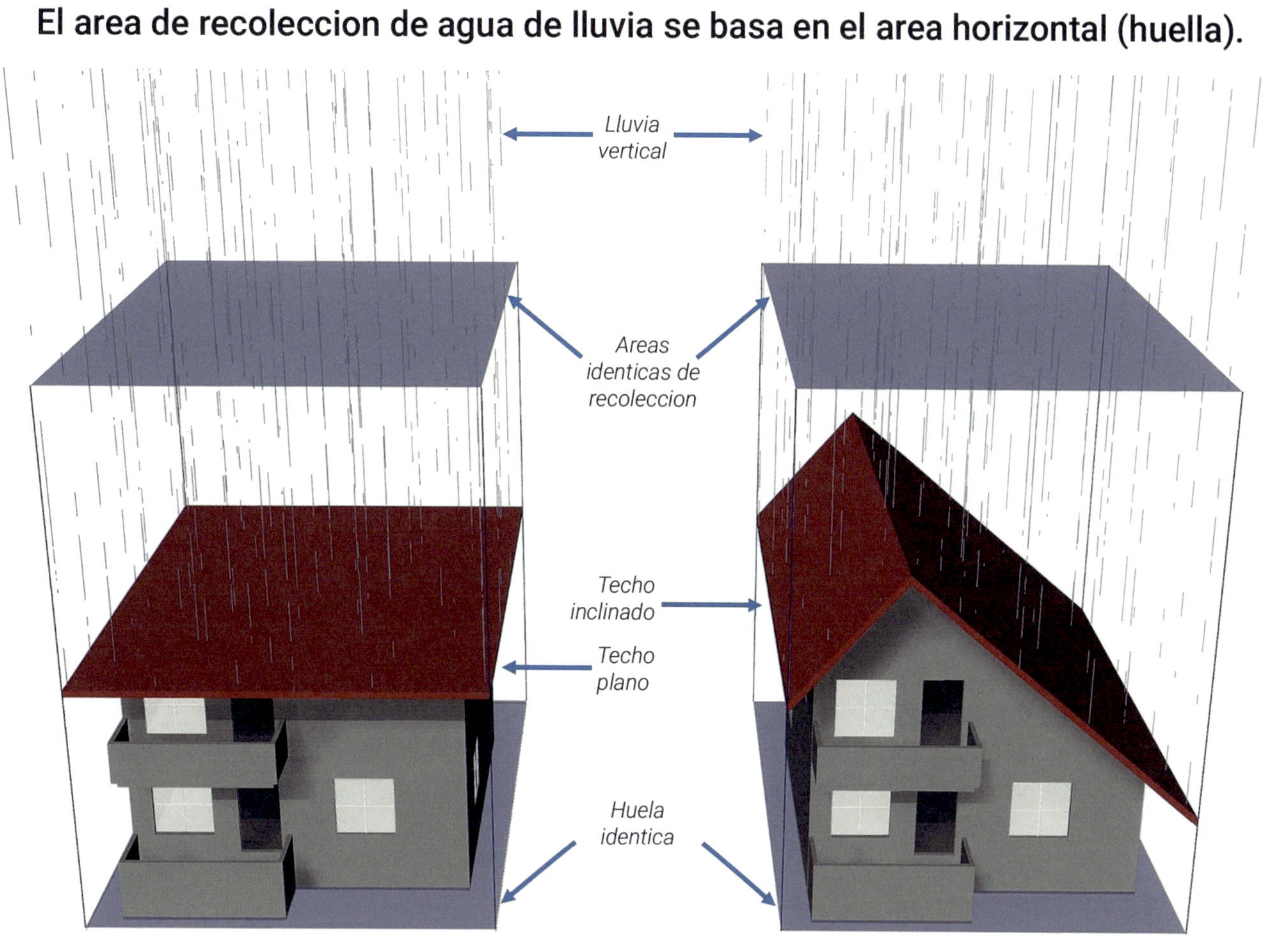

Figura 4-1

Dos casas con la misma huella y techos diferentes. El techo plano (izquierda) tiene un que el techo inclinado (derecha). Sin embargo, las huellas (cuadrado inferior) son idénticas, por lo que las zonas de recolección (arriba) también son idénticas.

Para un edificio con un techo de 1,400 ft^2, y una huella de 60ft x 20ft, la zona de recolección se calcula como 1,200 ft^2 utilizando el área de un rectángulo representado por la siguiente ecuación:

Ecuación 5
Área de un rectángulo.

$$A_{rectangulo} = largo * ancho$$

$$A = 60\ ft * 20\ ft = 1200\ ft^2$$

4.3 Dimensionamiento de Canaletas y Bajantes

Una vez que la lluvia cae sobre el techo, las canaletas (es decir, transporte) son usualmente necesarias para dirigir la lluvia a cualquier tratamiento, almacenamiento y/o uso final. Tubos que son demasiado pequeños restringen que el flujo de agua pase a través del sistema lo suficientemente rápido, resultando en desbordamiento o sobrecarga. Tubos que son demasiado grandes transmitirán el agua fácilmente, pero podrían resultar ser costosos o visualmente desagradables. Mayor pendiente ayudará a evacuar los tubos más rápido, pero puede ser más difícil de construir y menos atractivo.

Hay muchas maneras de determinar el tamaño de las canaletas. Una de las más sencillas es la siguiente Regla práctica:[19]

Ecuación 6
Regla práctica basada en el área para el dimensionamiento de canaletas.

$$\frac{1cm^2\ de\ seccion\ transversal\ canaleta}{1m^2\ \ del\ area\ de\ techo}$$

19 Información más detallada sobre dimensionamiento de canaletas en http://www.appropedia.org/Rain_gutter_sizing

Otros cuatro métodos son:

- Si se está utilizando una canaleta promedio, por ejemplo canaletas tipo "K", existen muchas calculadoras en línea.
- Si se está utilizando tubería estándar, tablas de fricción de tubería pueden ser utilizadas para encontrar una cantidad aceptable de pérdida de presión (cabeza).[20]
- Para tubos de diferentes materiales y tamaños, el método Darcy-Weisbach (o más fácil, el método Hazen-Williams) puede ser usado para encontrar una cantidad aceptable de pérdida de presión.
- Para canal de flujo abierto, la Ecuación de Manning puede utilizarse para encontrar una cantidad aceptable de pérdida de presión.

Estos otros cuatro métodos son más precisos que la simple regla práctica, y algunos permiten incluir factores como la inclinación del techado, la fuerza de las tormentas, y otras formas de tubo además de cilíndrico.

Ejemplo

El tamaño mínimo necesario del tubo para un área de recolección de $23m^2$ se calcula ser de $23\ cm^2$ utilizando la regla práctica en la Ecuación 6 como se muestra a continuación:

$$area\ de\ seccion\ trans.canaleta = 23\,\cancel{m}^2 * \frac{1\,cm^2}{1\,\cancel{m}^2} = \mathbf{23\ cm^2}$$

El área transversal necesitada de la canaleta es $23\ cm^2$. Para convertir esa área transversal en diámetro de tubo, recordemos que la fórmula para el área de un círculo (que es la sección transversal del tubo) es la siguiente:

20 Los métodos de pérdida de presión (tablas de fricción, Darcy-Weisbach, Hazen-Williams y Manning) son cubiertos en http://www.appropedia.org/Rain_gutter_sizing.

Ecuación 7
Área de un círculo

$$A_{circulo} = \pi * r^2$$

Where:

- A = área
- $\pi \backsimeq 3.1416$
- r = radio, que es la mitad del diámetro (d/2).

Por lo tanto:

$$A_{circulo} = \pi * \left(\frac{d}{2}\right)^2$$

Solucionando para los rendimientos de diámetro:

$$d = 2 * \sqrt{\frac{A_{circulo}}{\pi}} \Rightarrow d = 2 * \sqrt{\frac{23\ cm^2}{\pi}} = 5.41\ cm$$

La conversión del diámetro a pulgadas (que es la unidad de medida común para el tamaño de tubería) produce:

$$5.41\ \cancel{cm} * \frac{1\ in}{2.54\ \cancel{cm}} = 2.13\ in$$

Por lo tanto, una tubería con un diámetro de al menos 2.13 pulgadas debe utilizarse. El tamaño más común que cumple con este requisito es el tubo de 2.5 pulgadas.

Esta regla práctica funciona para la mayoría de los casos, pero en última instancia el tamaño depende de la intensidad de las tormentas locales,[21]la inclinación del techo, y la pendiente de la canaleta.

Además de dimensionamiento de las canaletas, la pendiente de las mismas también debe ser resuelta. A fin de mantener el agua fluyendo a través de las canaletas gracias a la gravedad, una pendiente es necesaria para proporcionar presión causada por la diferencia de elevación (Figura 4-2).

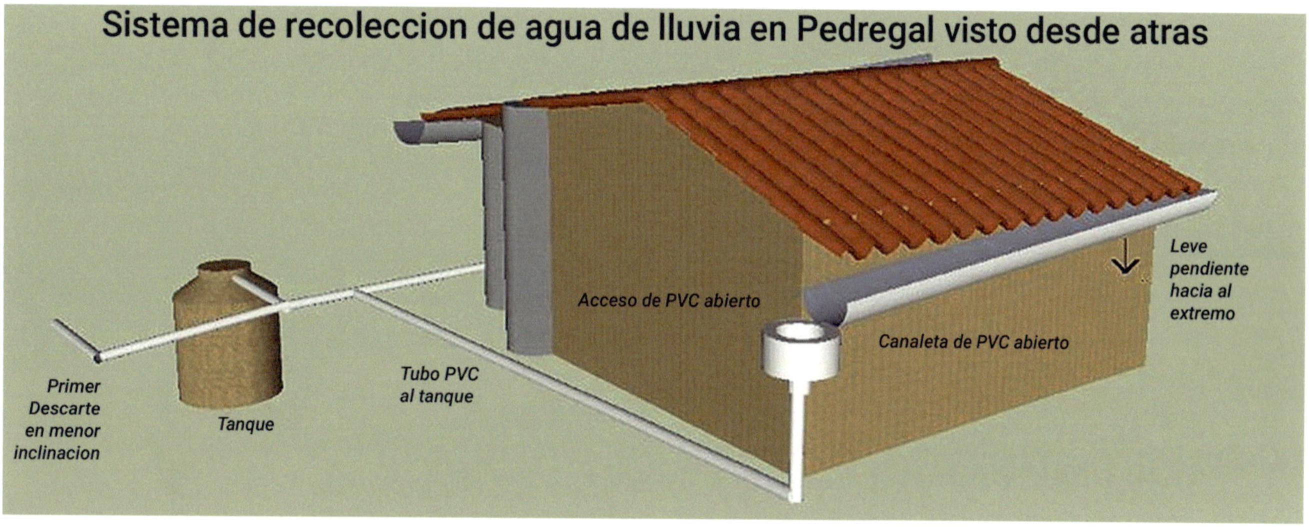

Figura 4-2

Canaletas mostrando una caída exagerada en la dirección del flujo de agua en Pedregal, un Centro de Demostración de Permacultura en San Andrés Huayapam, México. appropedia.org/Rainwater_catchment_at_Pedregal.

21 La fuerza de las tormentas locales es determinada por el evento máximo de tormenta de 60 minutos de duración, en un periodo 100 años para una ubicación - Kniffen, B., Clayton, B., Kingman, D., Jaber, F. (2012). Rainwater Harvesting: System Planning. (La recolección de agua de lluvia: Planificación del sistema). Fort Stockton, TX. Universidad Texas A&M. Pg. 71.

Una relación común para la pendiente necesaria es una caída de 1/2 pulgada por cada 10 pies lineales, como se muestra en la Ecuación 8.[22]

Ecuación 8
Relación entre pendiente y canaleta.

$$\frac{caida\ de\ 0.5in}{10ft\ de\ canaleta}$$

Utilizando la relación común entre pendiente y canaleta, calcule la caída necesaria para una canaleta de 30 pies de largo.

$$caida = 30\ \cancel{ft} * \frac{\frac{1}{2}\ in}{10\ \cancel{ft}} = 1.5\ in$$

Por lo tanto, uno de los extremos de la canaleta de 30 pies debe estar aproximadamente 1.5 pulgadas por encima del otro extremo para garantizar el flujo adecuado a través de las mismas.

4.4 Dimensionamiento del Primer Descarte (First-Flush)

No hay un único método verdadero para determinar el volumen del Primer Descarte (First-Flush). Esta falta de certeza es debido a la gran variabilidad ambiental donde se pueden encontrar los sistemas, incluido el nivel de contaminación presente, la facilidad de lavar la contaminación del material de techado, el tiempo que transcurre entre las lluvias, la intensidad de la lluvia, etc., como regla práctica, la contaminación se reduce a

22 Https://www.thisoldhouse.com/how-to/how-to-install-rain-gutters. Véase también pendientes y drenaje de techo - http://www.engineeringtoolbox.com/sloopes-roof-drainage-d_1107.html

la mitad por cada mm de lluvia descartado.[23] A continuación tenemos dos maneras- una basada en la superficie y otra en decaimiento exponencial- para determinar el tamaño apropiado de un Primer Descarte. Ambos métodos contienen suposiciones. El modelo basado en el decaimiento exponencial contiene menos supuestos. Para un techo metálico en un barrio suburbano, la regla práctica basada en el área debería ser suficiente. Para un techo de tejas de arcilla en un camino de tierra, especialmente para agua que se necesita para beber, puede ser necesario utilizar el modelo de decaimiento exponencial.

Una última consideración es el intervalo de tiempo entre el restablecimiento de el Primer Descarte (First-Flush) y la próxima lluvia. El restablecimiento se refiere a cuando la recamara de el Primer Descarte pasa de estar llena a vacía y, por lo tanto, lista para captar la próxima lluvia. Idealmente, toda el agua de la primera lluvia después de una larga temporada seca se desviara del almacenamiento y será descartada para usos que no requieran agua tratada. Entonces, el Primer Descarte evacuaría lentamente de modo que las subsiguientes lluvias sólo requieran que cierta cantidad del agua inicial sea desviada. Estos aspectos aún requieren más estudio a nivel mundial, a fin de determinar las mejores prácticas para las diferentes combinaciones de ubicaciones, materiales de techo, contaminantes, etc.

Regla práctica basada en el área.

La Regla práctica basada en el área parte de la premisa de un techo que es fácil de limpiar y está en un ambiente limpio. Es una regla práctica sencilla y comúnmente utilizada, pero su eficacia está siendo debatida tanto en la teoría como en la práctica. La regla práctica basada en el área es rápida y funciona bien en muchos casos como un ambiente relativamente limpio y techos no porosos (como el metal). Las dos fórmulas siguientes representan la regla práctica basada en el área en Unidades Imperiales y SI:

Ecuación 9

Regla práctica para determinar el volumen del Primer Descarte (First-Flush) basada en el área en Unidades Imperiales.

23 Martinson, B. & Thomas, T. (2005). Cuantificando el fenómeno del Primer Descarte. En la 12ª Conferencia Internacional de Sistemas de Recolección de Agua de Lluvia.

$$Volumen\ Primer\ Descarte = \frac{1\ gal}{100\ ft^2\ \ de\ techo}$$

Ecuación 10

Regla práctica para determinar el volumen del Primer Descarte (First-Flush) basada en el área en Unidades SI.

$$Volumen\ Primer\ Descarte = \frac{0.41\ litros}{m^2\ de\ techo}$$

Modelo de Decaimiento exponencial:

El modelo de decaimiento exponencial es más explícito en sus supuestos que la regla práctica basada en el área. El modelo requiere un valor de deterioro que sólo ha sido experimentalmente encontrado para pocos tipos de techos, lluvias y entornos. Además, el modelo de decaimiento exponencial exige probar la turbidez del agua.[24] El modelo de decaimiento exponencial se representa en la siguiente fórmula:

Ecuación 11

Modelo basado en el decaimiento exponencial (Unidades SI) para el Primer Descarte (First-Flush) de precipitaciones.

$$V_{ff} = -\frac{\ln\left(\dfrac{turbidez\ deseada}{turbidez\ escorrentia}\right)}{\lambda} * A * k$$

Donde:

- V_{ff} = volumen necesario del Primer Descarte (First-Flush) en litros
- ln = es la función log(logaritmo) natural (se puede encontrar en la mayoría de las calculadoras y en Excel).

24 La medición de la turbidez puede ser hecha en un laboratorio y muchas universidades. También Appropedia documenta un diseño de licencia abierta (open source) para medir la turbidez en http://www.appropedia.org/Open-source_mobile_water_quality_testing_platform.

- La turbidez objetivo = El objetivo de turbidez al momento de entrar en el tanque en Unidades Nefelométricas de Turbidez (NTU).
  - La Organización Mundial de la Salud establece una meta de 5 NTU para el agua que sale del tanque de almacenamiento (es decir, después del almacenamiento y antes de usarla).[25]
  - Una medida de 20 NTU al momento de entrar al tanque es generalmente suficiente. 26

- Turbidez de la escorrentía = La turbidez promedio de escorrentía del área de recolección.
  - Un techo un poco sucio podría contribuir sólo 20-100 NTU.
  - Un techo muy sucio podría contribuir 1000 NTU.[26]

- λ = el valor de decaimiento exponencial.
  - Estos valores se encontraron experimentalmente.
  - Un techo muy limpio puede ser tan alto como 2.2/mm. Un techo muy sucio puede ser tan bajo como 0.7/mm.

- A = área de recolección en metros cuadrados.

- k = factor de conversión para convertir mm*m^2 a litros. La conversión es 1.

Por último, para uso potable, debe utilizarse filtración para reducir la turbidez por debajo de 1 NTU[27] dependiendo de algún tratamiento adicional.

25 Cobbina, S. J., et al. Rainwater quality assessment in the Tamale municipality (Evaluación de la calidad de agua de lluvia en el municipio de Tamales). Int. J. Sci. Technol. Res 2 (2013): 1-10.

26 Martinson, B. & Thomas, T. (2005). Cuantificando el fenómeno del Primer Descarte. En la 12ª Conferencia Internacional de Sistemas de Recolección de Agua de Lluvia.

27 Reglamento Nacional Primario de Agua Potable (National Primary Drinking Water Regulations). (2017, marzo 21). Fuente: https://www.epa.gov/ground-water-and-drinking-water/national-primary-drinking-water-regulations.

4.5 Volumen de recolección

El volumen de recolección se calcula a partir de las precipitaciones caídas en la zona de recolección considerando cierta pérdida debido a la eficiencia de los materiales de recolección (y fugas). Además, factores de conversión son utilizados para producir las unidades deseadas de volumen. Normalmente, los valores de recolección mensual se calculan basados en los datos de precipitación media mensual. El volumen de recolección para cualquier período de tiempo se calcula mediante la siguiente fórmula (recurso mnemotécnico VRAKE, que suena similar a la palabra "frenos" en ingles):

Ecuación 12
Vrake - Potencial de recolección de agua de lluvia.

$$V = R * A * k * e$$

Donde:

- V = volumen de la colección en gal/tiempos o m^3/tiempos o litros/tiempos
  - Note que el tiempo es generalmente medido en meses.
  - Utilice esto para ayudar a determinar el potencial de rendimiento y el tamaño del depósito.
- R = Precipitación en pulgadas/tiempo o mm/tiempo
  - Recopile estos datos o buscarlos en los datos climáticos existentes.
- A = Tamaño de la huella de la superficie de recolección en ft^2 o m^2
  - Esta es la proyección vertical del área de la superficie de recolección. Para una casa rectangular, utilice largo por ancho.

- k = factores de conversión necesarios, como 7.48 gal/ft^3 o Unidades SI más fáciles.
  - También puede combinar la conversión de 1ft/12in en los datos de precipitación.
- e = Eficiencia de la superficie de recolección (que no conlleva unidades)
  - 0.75 suelo, 0.8 promedio, 0.95 metal[28, 29]

Ejemplo de Unidades Imperiales

Calcule el potencial de recolección (en galones) para una casa de un solo piso de 1,900 pies cuadrados, con un techo de teja inclinado, en Columbia, Missouri durante el mes de marzo.

El primer paso es encontrar los datos de precipitación para la ubicación. Por ejemplo, la tabla de la Figura 4-3 muestra los datos de precipitación en Columbia, Missouri.

28 Haan, C. T., Barfield, B. J., & Hayes, J. C. (1999). Design Hydrology and Sedimentology for Small Catchments (Diseño de hidrología y sedimentología para Pequeñas Recolecciones). San Diego u.a.: Prensa Académica.

29 Waterfall, P. (2006). Recolección de Agua para Utilización en Paisajismo (Harvesting Water for Landscape Use). Fuente: https://extension.arizona.edu/sites/extension.arizona.edu/files/pubs/az1344.pdf

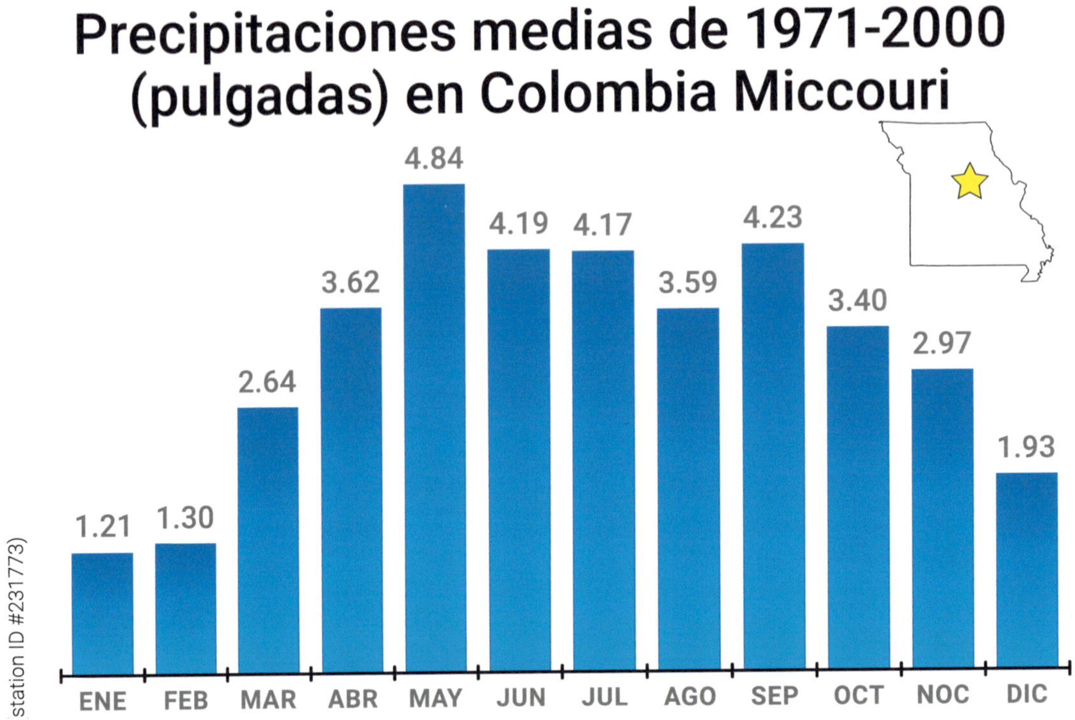

Figura 4-3

Precipitación mensual promedio en Columbia, Missouri. Gráfico de la NOAA y ggweather.

Si buscamos la eficiencia de la superficie de colección para un techo de teja, esta arroja un promedio de 0.8.

$$V = R * A * k * e$$

$$V_{Marzo} = 2.64 \frac{\cancel{in}}{Marzo} * \frac{1\cancel{ft}}{12\cancel{in}} * 1900\ \cancel{ft^2} * \frac{7.48\ gal}{\cancel{ft^3}} * 0.8 = \mathbf{2{,}500} \frac{\mathbf{gal}}{\mathbf{Marzo}}$$

Por lo tanto, esta casa de 1,900 pies cuadrados en Columbia, Missouri puede recolectar un potencial de 2,500 galones en el mes de marzo.

Ejemplo en Unidades SI

Calcular el potencial de recolección (en litros) de una casa de 1,000 metros cuadrados con techo de hormigón en Santo Domingo, República Dominicana durante el mes de julio.

Si buscamos la eficiencia de la superficie de recolección de un techo de hormigón, esta arroja un 0.9, y la precipitación media para el mes de julio es de 145 mm:

$$V = R * A * k * e$$

$$V_{Julio} = 145 \frac{\cancel{mm}}{Julio} * \frac{1\,m}{1000\,\cancel{mm}} * 100\,\cancel{m^2} * 1000 \frac{litros}{\cancel{m^3}} * 0.9 = \mathbf{13{,}050 \frac{litros}{Julio}}$$

Por lo tanto, esta casa de 1,000 metros cuadrados en Santo Domingo, República Dominicana puede recolectar un potencial de 13,050 litros (3,447 galones) en el mes de julio.

Reglas Empíricas

La regla práctica de 0.5 galones de agua de lluvia captada por pulgada de lluvia en cada pie cuadrado de recolección es muy útil al hacer cálculos rápidos en campo.

Ecuación 13

Regla práctica para el potencial de recolección de agua de lluvia en Unidades Imperiales.

$$Volumen(gal) = 0.5\,\frac{gal}{in * ft^2} * lluvia(in) * Area(ft^2)$$

Los 0.5 galones por pie cuadrado por pulgada de lluvia en la regla práctica pueden ser mostrados para asumir la eficiencia del techo de alrededor de 0.8, con la ecuación siguiente:

$$1\cancel{in} * \frac{1\cancel{ft}}{12\,\cancel{in}} * 1\cancel{ft^2} * 7.48\frac{gal}{\cancel{ft^3}} \cdot 0.8 = 0.499\,gal$$

El cálculo en Unidades SI es mucho más fácil y preciso. Es la eficiencia del techo (ej. 0.8) en litros por cada mm de lluvia por cada m^2 de techo.

Ecuación 14

Regla práctica de Potencial de recolección de agua de lluvia en Unidades SI.

$$Vol\ (litros) = eficiencia\ del\ techo * lluvia(mm) * Area\ (m^2)$$

Este cálculo es simple debido a la comodidad y la sincronización de las Unidades SI, como se muestra a continuación:

$$V = R * A * k * e$$

$$Volumen = 1\,\cancel{mm} * \frac{1\,\cancel{m}}{1000\,\cancel{mm}} * 1\,\cancel{m^2} * 1000\frac{l}{\cancel{m^3}} * 0.8 = 0.8\,litros$$

Observe cómo la conversión de m a mm anula la conversión de litros a m^3.

4.6 Uso versus Recolección y Almacenamiento.

Muchos lugares pueden recolectar suficiente agua para satisfacer sus necesidades. A menudo el factor limitante termina siendo el volumen de almacenamiento. Calcular la capacidad de recolección mensual menos la demanda mensual nos muestra cuánto espacio de almacenamiento se necesita. La hoja de cálculo en la Figura 4-4 muestra la precipitación mensual, recolección, uso y almacenamiento calculados para una casa en Columbia, Missouri, con una huella de 541 ft^2, un techo con eficiencia de 0.8, y un tanque de almacenamiento de 800 galones. Tenga en cuenta que este sistema, suponiendo que inicie lleno en enero del primer año, es sostenible con los usos mensuales supuestos. El depósito tiene siempre cierta agua restante, siendo febrero del segundo año el más bajo con 98 galones.

Dimensionamento de un tanque de recoleccion de agua de lluvia basado en informacion climatologice y de uso

	Info Usuario	Unidad	Unidad SI
Huella	541	ft²	50 m²
Eficiencia de techo	0.8	depende del material	
Tamaño Tanque	800	gal	3028 litros

ID# 231773	Ene	Feb	Mar	Abril	May	Jun	Jul	Ago	Sep	Oct	Nov	Dic
Lluvia (in)	1.21	1.3	2.64	3.62	4.84	4.19	4.17	3.59	4.23	3.4	2.97	1.93
Capacidad Recoleccion (gal)	326	351	712	977	1306	1130	1125	969	1141	917	801	521
Uso (gal)	500	500	400	500	700	600	1000	800	400	600	700	900
Vol.Tanque lleno en Ene (gal)	800	651	800	800	800	800	800	800	800	800	800	421
Vol.Tanque 2do año (gal)	247	98	410	800	800	800	800	800	800	800	800	421

Figura 4-4

Las precipitaciones mensuales, recolección, el uso y almacenamiento calculados para una casa en Columbia, Missouri, con una huella de 541 ft^2, un techo con eficiencia de 0.8, y un tanque de almacenamiento de 800 gal. Esta hoja de cálculo puede ser descargada de: appropedia.org/Basic_rainwater_collection_calculations.

Cuando el almacenamiento es el factor limitante, a menudo es debido al tamaño disponible, presupuesto, peso o durabilidad de la zona de almacenamiento. Reducir el uso y aumentar el área de recolección son dos maneras de reducir las necesidades de almacenamiento.

5. Sistemas Completos e Historias

La tecnología es a menudo la parte más fácil de cualquier proyecto. La forma en que las personas trabajan juntas puede a menudo plantear un desafío mayor. Los sistemas de recolección de agua de lluvia proporcionan innumerables oportunidades como también desafíos técnicos y sociales. En todos estos sistemas, la cosa más importante que podemos crear es la confianza.

Los sistemas Edificados de recolección de agua de lluvia pueden proporcionar agua para jardines, descarga de sanitarios, lavado de manos, uso doméstico, uso comunitario, irrigación, uso en edificios comerciales, o -con una adecuada purificación- incluso agua potable. Los siguientes son ejemplos de proyectos personalizados, secos, por gravedad, sistemas Edificados solo para riego del jardín a un pequeña escala comunitaria. Son también, lo que es más importante, ejemplos de cómo las comunidades se reunieron para satisfacer sus necesidades con sus recursos:

- A escala comunitaria en Chiapas, México.
- Agua para uso escolar en la Yuca, Santo Domingo, República Dominicana
- Jardín de Guardería en Parras de la Fuente, México
- Agua para una huerta escolar en Eureka, California, EE.UU.
- Democracy Unlimited, Eureka, California
- Más sistemas

Volumen de almacenamiento
19,000 litros (5,000 galones)

Población atendida
Pequeña comunidad

Tipo de techo
Metal corrugado

Uso
Agua para tomar y aseo

Área de recolección
150 m² (1600 ft²)

Fecha de creación
2010

Potencial anual
129,000 litros (34,100 gal)

5.1 A escala comunitaria en Chiapas, México.

Un viaje de 20 horas en autobús desde la Península de Yucatán en México me llevó a Chiapas, el estado más pobre de todo México. La capital de Chiapas es Tuxtla Gutiérrez pero, en muchos sentidos, la capital cultural es San Cristóbal de las Casas. Las serpenteantes calles adoquinadas están repletas de cafés, restaurantes, cines personalizados que albergan desde 2 hasta 40 personas, y decenas de idiomas de todo el sur de México y el mundo. En las calles de San Cristóbal, es difícil recordar que la pobreza extrema es una realidad cotidiana para muchos de sus habitantes. Los jóvenes niños indígenas que venden Animalitos de arcilla hermosos e incluso mágicos son tímidos y bien alimentados. La ruidosa música de fiesta que inunda el centro de la ciudad por la noche, atrae a una multitud de tamaño razonable, y a los vendedores ambulantes parece irles bien. Sin embargo, como muchas ciudades, simplemente penetrar la capa superficial revela una pobreza extrema en sus grietas y bordes. Curiosamente, en el valle de San Cristóbal, gran parte de la pobreza está arriba en la montaña, produciendo una yuxtaposición de casas toscamente labradas de madera y barro sin electricidad, agua corriente, pero con excelentes vistas.

Yo había venido esperando trabajar con *Las Abejas*, una entidad pacifista contemporánea de los *Zapatistas*, y con ese fin iba a reunirme con la Organización No Gubernamental (ONG) local, Otros Mundos (OM). Tuvimos una reunión para determinar si íbamos a trabajar juntos y, en caso afirmativo, con qué objetivos y en qué capacidad. Yo estaba emocionado y nervioso. Acababa de pasar los últimos cinco años trabajando en el norte de México, en el desierto de Coahuila. Coahuila es tan diferente a Chiapas como dos estados podrían ser. En mi opinión, si no fuera por las líneas políticas, estos dos estados se encontrarían en diferentes Américas, con Coahuila siendo parte de América del Norte (como todo México es realmente), y Chiapas, con sus selvas, animales, alimentos, culturas indígenas y montañas - parte de América Central como su vecino Guatemala. En Coahuila, ya habíamos construido amistades, asociaciones, proyectos y confianza. Aquí en Chiapas, se sentía como si estaba empezando en el paso 0, y con mi terrible español, eso puede ser una sensación aterradora y emocionante.

Pero yo sí tenia una conexión con Otros Mundos a través de un colega que me había inspirado con su trabajo.[30] Otros Mundos era liderado por tres impresionantes y emprendedoras mujeres: Tania González, Úrsula Lascurain y Claudia Ramos. Juntas ellas poseían una potente mezcla de orígenes, incluyendo local, indígena y educada en el DF (Ciudad de México). Mi colega había descrito la presencia y perspicacia de estas mujeres. Y yo no fui decepcionado. La reunión entre Otros Mundos y yo inició de mi manera favorita... con comida en la mesa. Después de conocernos, profundizamos en los detalles acerca de la labor de cada uno de nosotros.

El equipo de OM describió sus experiencias enseñando tecnología solar y de agua en las comunidades de Chiapas. Compartieron su trabajo co-creando un inspirador acuerdo de colaboración entre todas las ONGs locales para ser puntos de contacto seguro para reportar el abuso doméstico. También compartieron su participación en protestas contra el gobierno Mexicano y las corporaciones que están tratando de tomar por la fuerza las tierras de los indígenas que de acuerdo a estudios recientes tenían minerales debajo de las mismas. Describieron su participación en protestas contra la destrucción causada por esos mismos grupos de nuestro futuro a través de un exceso de emisiones de gases de efecto invernadero.

Yo describí nuestro trabajo, un desafío interesante y más difícil por el hecho de que todavía después de cinco años no teníamos un nombre.[31] Hice una crónica de nuestros últimos proyectos, éxitos y fracasos. Yo podía sentir como Otros Mundos se relajaba mientras iba describiendo con franqueza las maneras en que habíamos fallado antes. Me enfoqué en hablar de las formas en que podríamos trabajar juntos, y cómo nos encantaría colaborar en proyectos de agua limpia, energía y de alimentos, pero que no seríamos capaces de colaborar en protestas. Intenté torpemente de explicarles que

30 Ese colega fue Alex Eaton. Él había ayudado a encontrar una escuela con Otros Mundos, y pasó a fundar el muy eficaz Sistema Biobolsa que construye sistemas biodigestores de tecnología apropiada.

31 Cuando los periodistas preguntaban, yo decía que no teníamos un nombre, sólo nuestro trabajo. Esos mismos periodistas me solían mirar entonces como si fuera alguien bastante descabellado o ridículo.

no sentía apropiado que nuevos extranjeros participaran en protestas políticas, que en México es ilegal que los visitantes participen en protestas,[32] y que no era realmente lo que nuestro grupo hacía.

De manera muy especifica, intenté describir que siento que es vital que haya gente en las calles diciendo a los demás qué está mal y qué necesita parar; sin embargo, que nuestro trabajo era en algo que se denomina "diseño de punto positivo".[33] En el diseño de punto positivo, nos centramos en la construcción de mejores alternativas para que la gente tenga opciones más saludables. Por ejemplo, en lugar de protestar contra una nueva fábrica de carbón, construimos sistemas de energía solar. Otros Mundos aguantó mi español y mi inquietud, mientras yo traté de honrar su trabajo y describir el nuestro. Finalmente, Tania González me detuvo y dijo, *"Oye, nosotros entendemos, ustedes no son activistas, son practivistas"*... Y ahí, después de tantos años, finalmente tuvimos un nombre. Practivistas.

Después de nuestro día juntos, decidimos crear un prototipo de nuestras relaciones de trabajo. Para ello, la siguiente semana dirigimos de manera colaborativa, una pequeña conferencia de necesidades y recursos de la ONU. Entre los participantes se encontraban miembros de la comunidad local, miembros de la comunidad rural, líderes comunitarios, dirigentes de ONGs así como personal y pasantes de Otros Mundos. Presenté por 20 minutos hablando de proyectos anteriores de Practivistas (nuestro nuevo nombre) y luego nos separamos en grupos para discutir las necesidades más apremiantes y los recursos disponibles en la zona. Luego nos volvimos a unir en plenaria para idear las maneras posibles de satisfacer las necesidades existentes con los recursos disponibles. Fue un gran momento, y se forjaron relaciones más profundas junto con ideas excelentes para proyectos. Estos proyectos incluyeron una demostración de comparación lado a lado de estufas mejoradas para que los miembros de la comunidad rural pudiesen comparar y obtener el estilo del sistema preferido; un digestor de biogás en una casa local de demostración de tecnología apropiada con seis cerdos y un pequeño restaurante; y la recolección de agua de lluvia en una zona rural de la comunidad Tzotzil.

32 "Extranjeros no pueden de ninguna manera participar en los asuntos políticos del país". Constitución de México

33 Tomé el concepto de diseño de punto positivo de la cultura de hacer kayak, donde uno no apunta al obstáculo, sino a la ruta más segura y deseable. En lugar de decirle a la gente qué no hacer, es hacer que sea fácil realizar la acción deseada.

Después de reflexionar sobre nuestro proceso en la conferencia de la ONU y los resultados obtenidos, el siguiente paso fue conocer a más miembros de una comunidad de Tzotzil, poblada por unas pocas familias y ubicada a pocas horas fuera de San Cristóbal de las Casas. Allí nos reuniríamos para evaluar el interés en trabajar juntos. Los Tzotziles son un pueblo Maya indígena del estado de Chiapas, y la lengua Tzotzil (B*ats'i k'op*) es un idioma Maya endémico de Chiapas. Me habían dicho que los Tzotziles eran generalmente más reservados frente a extranjeros que muchas otras comunidades mexicanas con las que yo había trabajado antes.[34]

La comunidad ya había estado trabajando con Otros Mundos, por lo que ya existía confianza. La bienvenida fue muy acogedora y cálida igual que la comida y el té. La matriarca de la casa en que nos reunimos nos sirvió huevos revueltos con habas frescas y pole. Los ingredientes de la comida se encontraban todos a menos de 100 pies de su casa. Su casa era el hogar de cuatro niños y cuatro adultos. Tenía un suelo de arcilla roja, paredes de tabla de madera rustica y una estufa efectiva un tanto mejorada. Después de la comida, ella nos ofreció té de limón, también hecho con ingredientes obtenidos a menos de 100 pies de su casa. El té estaba increíblemente delicioso. También era una manera segura de hidratarse, puesto a que las enfermedades transmitidas por el agua son un riesgo grave, especialmente en el estado de Chiapas, que tiene una tasa de mortalidad por diarrea entre los niños menores de cinco años tres veces superior al promedio de México.[35]

Entre observar mi entorno, escuchar historias y entretener a dos de los niños curiosos de la casa, me tomó un tiempo comprender por qué el té sabía tan bien. El sabor venía del humo del fuego, dando un sabor a té de limón ahumado. Mirando hacia arriba, vi el techo que parecía estar casi pintado de negro por el hollín. Lamentablemente, este delicioso sabor revelaba una desagradable verdad: la contaminación del aire en

34 Excepto para Rarámuri en el noroeste.

35 Gutierrez-Jimenez, J. (2014). Evaluation of A Point-Of-Use Water Purification System (Llaveoz) in a Rural Setting of Chiapas, Mexico (Evaluación Sistema de Purificación de Agua en Punto de Consumo (Llaveoz) en un Entorno Rural de Chiapas, México). Revista de la Microbiología y Experimentación, 1(3). doi:10.15406/ jmen.2014.01.00015

interiores por cocinar en estufas en interiores es una de las principales causas de muerte de mujeres y niños en el sur de México.[36]

Después de que comimos, bebimos y nos conocimos mejor los unos a otros, los líderes comunitarios me invitaron a una reunión comunitaria al día siguiente. Esta es una comunidad de rebeldes, y por lo tanto hay pocas fotos o nombres de los participantes que podemos compartir (y definitivamente tampoco coordenadas GPS). Al día siguiente, hicimos el viaje de unas horas desde la ciudad de regreso a la comunidad. Antes de ir a la reunión, nos detuvimos en la casa de la matriarca, donde ella nos dio de comer de nuevo. Siempre me asombra cómo a menudo las personas que tienen menos son las que comparten más.

En la reunión, experimente una importante "primera vez" en cuanto a mis vivencias en reuniones comunitarias. Los lideres comunitarios, Otros Mundos y yo, estábamos reunidos en una habitación redonda con un suelo de barro y sin estufa. El principal líder de la comunidad estaba hablando sobre la importancia de la comunidad, el compromiso y la confianza, y sobre algunas problemáticas graves de infección respiratoria, saneamiento, agua y energía. En un momento durante su charla, se quedó dormido.

Allí estaba yo, sentado y escuchando (posiblemente una de las habilidades más importantes en el diseño de ingeniería), y él se queda dormido a mitad de una frase. Me preocupé por su salud y sentí mi propia torpeza y vergüenza ajena. Cuando miré alrededor de la habitación, vi que nadie parecía alarmado. Nos sentamos juntos en silencio por unos minutos, hasta que se sintió natural, y finalmente el líder principal de la comunidad despertó y continuó hablando.

Este pequeño pueblo posee una riqueza de naturaleza y comunidad; sin embargo, está limitado de recursos en dinero, energía y agua. Durante la larga temporada seca, la población local debe recoger el agua de superficie para usos domésticos, lo

36 Maldonado, Iván Nelinho Pérez, Lucía Guadalupe Pruneda Álvarez, Fernando Díaz-Barriga, Lilia Elisa Batres Esquivel, Francisco Javier Pérez Vázquez y Rebeca Isabel Martínez Salinas (2011). Indoor Air Pollution in Mexico, The Impact of Air Pollution on Health, Economy, Environment and Agricultural Sources (La contaminación del aire en interiores en México, El impacto de la contaminación atmosférica sobre la salud, la economía, el medio ambiente y las fuentes agrícolas), Dr. Mohamed Khallaf (Ed.), InTech, DOI: 10.5772/19864

que se traduce en enfermedades transmitidas por el agua. La calidad de aire interior (proveniente de las estufas) y enfermedades transmitidas por el agua se convirtieron en nuestras prioridades aquí. Con mucha frecuencia, las tecnologías que salvan vidas son tecnologías mundanas. Estufas mejoradas pueden mitigar los impactos en la salud causados por cocinar con biomasa siendo más eficientes y dirigiendo el humo al aire libre a través de una chimenea. Los sistemas de recolección de agua de lluvia ayudan a evitar las enfermedades transmitidas por el agua atrapando el agua antes de esta toque el suelo.

Ese verano, Practivistas regresó con veinte estudiantes para trabajar con Otros Mundos, en una casa de demostración en San Cristóbal y en la comunidad de Tzotzil. En la comunidad, trabajamos juntos para construir estufas mejoradas y diseñar y construir un sistema de recolección de agua de lluvia único.

Los principales criterios como seguridad, costo, posibilidad de reparación localmente, y disponibilidad de agua durante la estación seca para toda la comunidad proporcionaron unos retos muy interesantes. Esos retos se hicieron más interesantes debido a la topografía tan empinada y restringida del área, la falta de recursos financieros, y las barreras de comunicación presentadas por el hecho de tener el español como segundo idioma para los estudiantes, quienes hablaban inglés, y los miembros de la comunidad, que hablan Tzotzil. Afortunadamente Otros Mundos jugó un papel crítico en la confianza, contexto y formación.

El proceso de diseño y construcción fue una alegría. Mientras que mediamos el área de un techo, mi cinta métrica se rompió y la nieta de la matriarca de siete años me ayudó a repararla. Las habilidades y la confianza de todos los participantes juntos crearon sistemas duraderos y soluciones creativas. Por ejemplo, con el fin de utilizar recursos más localmente disponibles y de bajo costo, hicimos canaletas doblando techos de metal corrugado con un comedero. Mi innovación favorita fue la de recolectar y combinar la lluvia de dos casas diferentes (Figura 5-1) en un depósito de 19,000 litros para el almacenamiento y uso de la comunidad (Figura 5-2). Esta combinación permite una mayor área de recolección, así como un gran almacenamiento centralizado, a un costo inferior que el de tanques separados. Es una solución que nace del proceso de diseño centrado en el ser humano y la naturaleza comunitaria de los participantes.

Figura 5-1

La recolección de agua de lluvia en una de las dos casas que alimenta el tanque de ferrocemento de 19,000 litros para abastecer de agua esta pequeña comunidad en Chiapas. appropedia.org/Practivistas_Chiapas_rainwater_catchment.

Figura 5-2

Tanque de ferrocemento de 19,000 litros antes de su finalización, mostrando un trozo de metal corrugado del techo doblado utilizado como canaleta en el fondo. appropedia.org/Practivistas_Chiapas_rainwater_catchment

Volumen de almacenamiento
2,000 litros + cisterna
Población atendida
Escuela
Tipo de techo
Metal corrugado
Uso
Cuartos de baño, limpieza
Área de recolección
16 m^2 (172 ft^2)
Fecha de creación
2011
Potencial anual
22,000 litros (5,800 galones)
UBICACIÓN
Santo Domingo,
República Dominicana

5.2 Agua para uso escolar en la Yuca, Santo Domingo, República Dominicana

En 2010, Practivistas Chiapas (el programa de verano en el extranjero) fue ordenado por el Sistema Universitario del Estado de California a salir de México a causa de la guerra contra las drogas. En la búsqueda de nuevas ubicaciones, aterricé en Santo Domingo, la capital de la República Dominicana. La República Dominicana comparte la isla de La Hispaniola con Haití. Mi primera noche allí estuvo llena de sonidos que se han vuelto familiares y de tranquilidad para mí: las secuencias de música, especialmente la *bachata* (una música dominicana amarga-pero-romántica de baile en pareja) desde cada *colmado* (unas tiendas de esquinas muy sociales), y el clac de los dominós.

Caminando alrededor de la ciudad, conocí a mucha gente interesante y un español muy enojado. Me dijo cómo los dominicanos no se preocupaban por el medio ambiente. Le dije que iba a un evento organizado por el Grupo Local de 350.org la mañana siguiente. El evento estuvo orientado a aumentar la concientización sobre el cambio climático, especialmente desde el punto de vista de un país insular que será afectado por el aumento del nivel del mar. El evento fue un gran éxito y RD fue el único país isla en ser fotografiado por satélite para el evento global de 350.org (Figura 5-3). En el evento, conocí el *Colectivo Revark*, una organización sin fines de lucro fundada por los intrépidos arquitectos locales Wilfredo Mena Veras, Abel Castillo Reynoso y Joel Mercedes Sánchez. Finalmente nos hicimos muy amigos y colegas, pero primero construimos una relación basada en la confianza, trabajo, y el baile. El Colectivo Revark acababa de celebrar un concurso de "arquitectura emergente de ayuda post Desastres por Terremoto" llamado *Sismos 2.0*. Trabajamos juntos para juzgar las propuestas recibidas. Después de esa experiencia exitosa, continuamos creando una relación a distancia (yo regresé a los EE.UU.), y comencé a trabajar en el desarrollo del Programa Practivistas Dominicana.

Figura 5-3

Imagen satelital en 2010 hecha por 350.org de dominicanos (además de Lonny Grafman y Gabriel Krause en la parte superior izquierda) sujetando paraguas y dispuestos en forma de una casa que es consumida por los crecientes niveles del mar (crédito a izquierda: Digital Globe). Participantes creando concienciación sobre la amenaza del aumento del nivel del mar justo una semana antes de la Conferencia COP 16 sobre el cambio climático (crédito a derecha: Marvin del Cid). https://www.flickr.com/photos/350org/5199408239/in/album-72157622725870779/

El año siguiente, en el 2011, volvimos a trabajar y estudiar con el Colectivo Revark en la Universidad Iberoamericana (UNIBE) bajo el cuidado del Director de Arquitectura, Elmer González. Fuera de la universidad, el Colectivo Revark fue nuestro enlace con la comunidad y fue crítico en todos los eventos participativos con la comunidad, aun así la participación de la comunidad de La Yuca casi no ocurrió.

La Yuca es uno de los barrios más económicamente pobres de zonas urbanas en el centro de Santo Domingo, República Dominicana. La Yuca contiene una escuela, cuyo patio sirve también como centro de actividades para niños. Se puede tocar las paredes de las casas a ambos lados de las estrechas calles si se camina a través del laberinto serpenteante del vecindario. Si va a pasar una motocicleta, es necesario presionarse contra las paredes para quitarse del camino y que esta pueda pasar. El vecindario rebosa de actividad constante y ruido, incluido el ritmo reconfortante endémico de *bachata* y dominó. Si miramos hacia arriba, masas de cables de electricidad improvisan una red y se extienden hacia las grietas de cada hogar. Estas marañas flotantes de espaguetis eléctricos son trabajados por muchas personas de la Yuca según los cables reutilizados se queman creando espectáculos de luz impresionantes y los cables tienen que ser reemplazados.

La primera historia que escuchamos fue de una hermosa *abuela de 90 años*[37] sobre como La Yuca fue originalmente un hogar temporal para los trabajadores que construyeron gran parte de las áreas circundantes de la ciudad y que luego los trabajadores no se fueron. Se han hecho muchos intentos de remover La Yuca y sus habitantes fuera de la ciudad, pero La Yuca ha prevalecido.

El Colectivo Revark y UNIBE ayudaron a establecer la primera reunión comunitaria con la *Junta de Vecinos* (ayuntamiento) de La Yuca. Durante esa primera reunión comunitaria, el recibimiento se sintió de poco animo y la Junta de Vecinos en su mayoría parecía desinteresada en trabajar juntos. Fue sólo después de que el pastor entendió lo que estábamos proponiendo y lo reitero con elocuencia, que surgió el interés y hubo un involucramiento. Reiteró que no estábamos ahí como una organización de caridad. No estábamos allí con una "solución". No estábamos ahí para arrojar algo al medio y tomar fotografías. Estábamos ahí para trabajar y aprender juntos. Estábamos ahí para buscar soluciones juntos. Y estábamos ahí para que todos pudiéramos tener conocimiento, capacidad y construir juntos un futuro mejor.

Después de esa primera reunión, decidimos celebrar una reunión abierta a toda la comunidad, donde pudiésemos identificar nuestras necesidades y recursos principales. Algunas de las principales necesidades incluían agua limpia (algunas personas estaban gastando más del 40% de sus ingresos en agua), más espacio en la escuela (hay más estudiantes de los que caben en la escuela), electricidad (11% de Santo Domingo re-apropia su electricidad) y empleos (los ingresos son a menudo apenas un par de dólares al día).

37 Kiva Mahoney (el subdirector de Practivistas Dominicana) recorrió el barrio para aprender su historia y se reunió por primera vez esta increíble abuela.

La apertura de la reunión comunitaria fue ruidosa y fructífera, especialmente debido al gran apoyo del alcalde de la ciudad, Osvaldo de Aza Carpio.[38] Tuvimos una lluvia de ideas sobre docenas de recursos disponibles y necesidades existentes. Luego priorizamos las necesidades principales en una lista más corta y nos separamos en pequeños grupos en busca de soluciones para dichas necesidades claves pero, de repente, la reunión previamente ruidosa quedó en silencio. Con la ayuda de nuestro socio comunitario, el Colectivo Revark, me di cuenta de que me había hecho una suposición que iba a debilitar a la reunión comunitaria. Cuando se trabaja en un entorno rural, tenga en mente que muchos de los participantes no se sienten cómodos escribiendo delante de otras personas. Yo no consideré que eso podía ser cierto también en el entorno urbano de Santo Domingo. Rápidamente reorganizamos los grupos de trabajo de tal manera que una persona, alguien que sabíamos que estaría cómodo escribiendo en frente de los demás, escribiera en cada grupo. El ruido y la cacofonía de creación se recuperaron y los resultados se tradujeron en años de participación.

Juntos decidimos crear un sistema de energía renovable eólica y solar, un aula de escuela hecha de botellas de plástico (un estilo denominado ecoladrillo), y un sistema de recolección de agua de lluvia en la parte superior de la nueva escuela que estábamos construyendo. La escuela estaba comprando dos camiones de agua por mes, lo cual resultaba costoso y sólo era agua suficiente para limpiar la escuela y descargar el sanitario manualmente en las noches. La escuela no tenía agua para lavarse las manos en el baño ni en ningún otro lugar (un importante indicador de salud).[39]

Juntos construimos un sistema de recolección de agua de lluvia de 2,000 litros que también incluye almacenamiento adicional en una cisterna existente; sin embargo, el proyecto de agua de lluvia en la escuela de La Yuca tomó algunos años de iteración para quedar bien.

---

38 Osvaldo no sólo era el consumado líder comunitario en La Yuca - en los años siguientes a este primer compromiso ha sido instrumental en reuniones con otras comunidades y ha seguido siendo un practicante de sostenibilidad y defensor de las tecnologías de construcción en su comunidad y en las comunidades de los demás.

39 Lavado de manos: Unas manos limpias salvan vidas (Handwashing: Clean Hands Save Lives). (2015, Noviembre 18). Fuente: https://www.cdc.gov/handwashing/why-handwashing.html

El primer año, se recolectó agua... Pero los usuarios no confiaban realmente en el agua debido a que el filtro de arena lento parecía ser demasiado "rural" a sus ojos. Por lo tanto, sustituimos el filtro de arena lento con filtros de cilindros de un aspecto más urbano.

Otro problema fue que el sistema original de canaletas, compuesto de PVC abierto y presionado sobre el borde del techo corrugado, era demasiado plano y se estaba obstruyendo, provocando su hundimiento y fugas. En el 2014, sustituimos el PVC con una nueva canaleta más convencional tipo K, lo cual soluciono los problemas de pandeo y fugas. (Figura 5-4). También añadimos un protector contra salpicaduras inventado para proteger a los vecinos muy cercanos de salpicaduras durante la época de lluvias.

Figura 5-4

Canaletas de PVC abierto (izquierda) reemplazadas en el 2014 con canaletas convencionales y un sistema improvisado anti-salpicaduras appropedia.org/La_Yuca_rainwater_2014 (derecha).

Otros problemas incluyeron la velocidad de entrega del agua, el hecho de que los grifos de agua estaban demasiado altos para el director, y que el baño no estaba integrado. Todos estos problemas han sido resueltos mediante diversas adaptaciones descritas en la Sección sobre Componentes.

El sistema de recolección de agua de lluvia (Figura 5-5), instalado en la escuela proporciona agua para el lavado de manos para los estudiantes (Figura 5-6) por primera vez en más de una década, además de una ducha para el director y agua para la limpieza de la escuela. Desde la instalación del sistema de recolección de agua de lluvia, la escuela redujo su pedido de compra de dos camiones de agua por mes a solo dos camiones por año, con un ahorro de 22 camiones de agua cada año, año tras año.

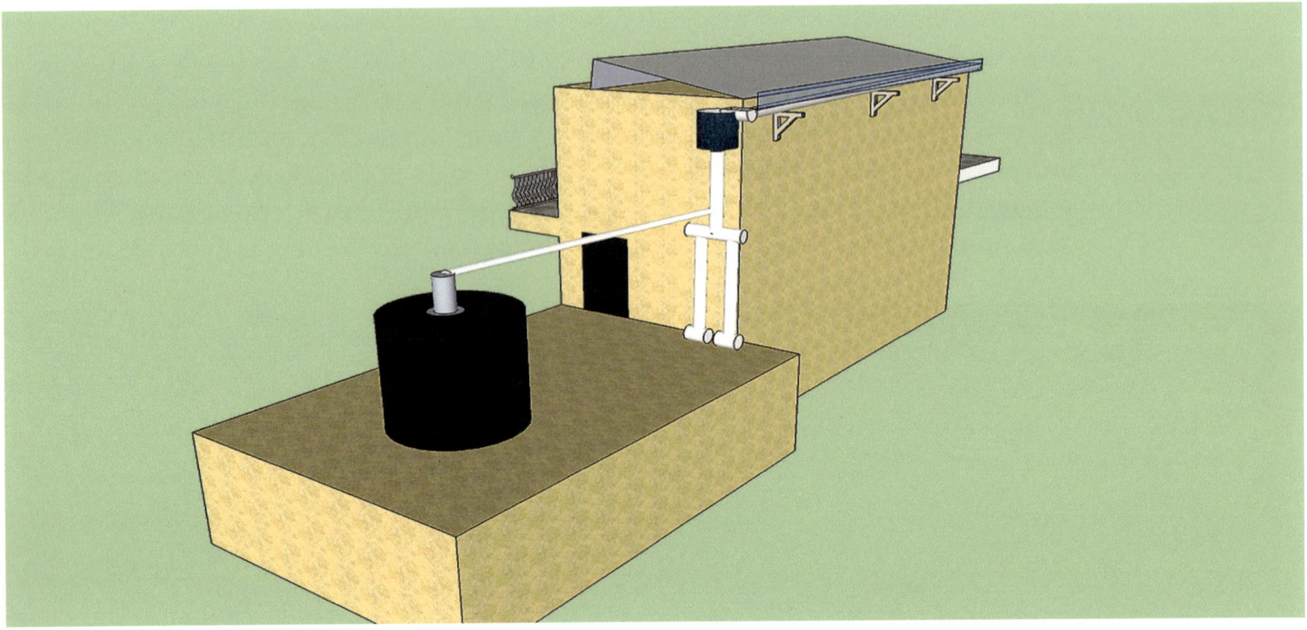

Figura 5-5

El sistema de recolección de agua de lluvia actualizado provee agua para la limpieza, el lavado de manos, el descargue de los sanitarios y ducha en La Yuca, un barrio urbano de Santo Domingo, República Dominicana. appropedia.org/La_Yuca_rainwater_2014

Figura 5-6

Una ducha de agua de lluvia para el director (parte superior izquierda con Oswaldo y Tanja), almacenamiento en la cisterna (parte inferior izquierda), y lavado de manos (derecha) en La Yuca, un barrio urbano de Santo Domingo, República Dominicana. appropedia.org/La_Yuca_rainwater_2014

Volumen de almacenamiento
400 litros (106 galones)

Población atendida
Familias de guarderia

Tipo de techo
Hormigón

Uso
Pequeño jardin

Área de recolección
22.9 m^2 (246 ft^2)

Fecha de creación
2008

Potencial anual
6,045 litros (1,600 galones)

5.3 Jardín de la Guardería de Parras de la Fuente, México

Parras de la Fuente es un oasis en el desierto de Coahuila en el norte de México. Como su nombre sugiere, Parras está repleta con abundante agua de manantial y la primera viña de las Américas. Dicho esto, los miembros de la comunidad con quienes hemos trabajado en Parras estaban muy preocupados por la amenaza de la privatización del agua y la contaminación del agua causada por la industria local. Este contexto político y ambiental fue explorado por mi co-director, Dr. Francisco de la Cabada,[40] y nuestros enlaces comunitarios con la Universidad Tecnológica de Coahuila (UTC), especialmente a través de la obra de Carlos Alejandro Ramírez Rincón (director) y Simón Leija (instructor de ciencias ambientales).

En el verano del 2008, los estudiantes del programa Practivistas trabajaron con una guardería local y centro para mujeres y niños construyendo un pequeño jardín escolar de 9 metros cuadrados y un sistema de recolección de agua de lluvia (Figura 5-7) para regar el jardín.

Como la guardería infantil se centra en la educación y es bastante pública, un criterio para el éxito - además de la efectividad, seguridad y estética - era el valor educativo. Para satisfacer este criterio, el sistema fue etiquetado para inspirar y enseñar a los visitantes sobre la conservación y recolección del agua.

Los meses de verano son los más activos para el jardín, sin embargo, tienen la menor cantidad de lluvia, por lo que el dimensionamiento del sistema de modo que tuviera suficiente capacidad de almacenamiento para julio era un obstáculo importante. Una importante lección aprendida en este sistema fue que el primer tanque de almacenamiento donado había sido reutilizado para almacenar un químico desconocido. Mientras que el plástico fue originalmente de grado alimenticio, no pudimos identificar el contaminante

40 El Dr. Francisco de la Cabada enseña Español en la Universidad Estatal de Humboldt y es de Coahuila. Su conexión con la tierra, el arte y el pueblo fue la base de una rica participación en Parras.

específico y, por tanto, determinamos que el depósito no podía ser utilizado. Un nuevo depósito de grado alimenticio fue obtenido antes de que el sistema se completara.

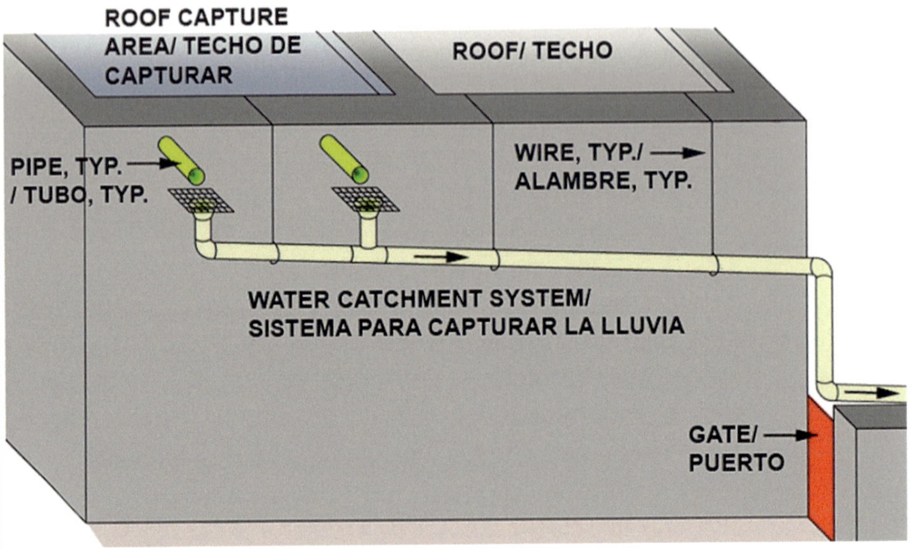

Figura 5-7
Contenedor de agua, tuberías, filtros y Primer Descarte (izquierda), y el área de recolección, filtros, canaletas y tuberías (derecha) en una guardería infantil de Parras de la Fuente, México. appropedia.org/Daycare_rainwater_catchment_system

Volumen de almacenamiento
1,892 litros (500 galones)

Población atendida
Escuela

Tipo de techo
Alquitrán y grava

Uso
Jardín, terrenos

Área de recolección
83.6 m² (900 ft²)

Fecha de creación
2014

Potencial anual
65,900 litros (17,400 galones)

UBICACIÓN

Eureka

California, EE.UU.

5.4 Agua para una huerta escolar en Eureka, California, EE.UU.

Durante diez años, he intentado aliar mi curso de segundo año de Ingeniería 215: Introducción al Diseño de Ingeniería con una escuela pública. Siendo alguien a quien en su mayoría la había fallado el sistema de escuelas públicas de Estados Unidos y que se retiro antes de mi segundo año, estoy muy interesado en la educación pública. Pero las escuelas públicas suelen ser adversas al riesgo, y año tras año me dijeron que tal alianza era poco probable.

En su lugar, nos asociamos con organizaciones sin fines de lucro que estaban dispuestas a asumir un riesgo con estudiantes universitarios de segundo año. Realizamos cientos de proyectos con estos socios, y finalmente logramos conectar con algunas escuelas subvencionadas (escuelas chárter, que pueden ser más hábiles que las escuelas públicas estadounidenses más tradicionales) para comenzar a crear confianza en una educación creada de manera colaborativa.

Finalmente, en el 2014, un valiente director de servicios de asesoría, Trevor Hammons, y el director Jan Schmidt, de la Escuela Secundaria Zane decidieron tomar un riesgo con nosotros. La Escuela Secundaria Zane está en Eureka, California, y recibe jóvenes de sexto a octavo curso. Más de las tres cuartas partes de sus estudiantes están en el programa de almuerzo asistido. Zane se veía exactamente igual que las escuelas de mi infancia. El hormigón, acero, asfalto, el cerco y la suciedad engendraban la sensación de una prisión. El exterior daba esa sensación de frío industrial, como si los estudiantes están supuestos a ser los productos uniformes de una maquinaria inflexible, pero dentro de los fríos muros, existía la algarabía de maestros y administradores inspirados que piensan en el futuro.

Ese año, llevamos a cabo nueve proyectos para construir aparatos de aprendizaje y para transformar su campus de concreto y metal en un espacio con una forma más natural, acogedora, y floreciente. Los estudiantes trabajaron directamente con los maestros para generar proyectos como un refugio de Pájaros Cantores, una versión mejorada del jardín, paisajismo comestible y un sistema de recolección de agua de lluvia.

El sistema de recolección de agua de lluvia era necesario para apoyar los jardines y paisajismo comestible, educar a los estudiantes en prácticas sostenibles de agua, y ser otra fuente de agua de emergencia en caso de desastres naturales (Eureka es una región sísmicamente activa).

Los estudiantes trabajaron conjuntamente con el personal y los profesores para determinar los principales criterios de seguridad, comodidad, durabilidad, costo y valor educativo. Los estudiantes diseñaron un robusto sistema seco de 500 galones con fácil acceso a los jardines y paisajismo comestible (Figura 5-8 y Figura 5-9). Sin embargo, después de revisar los prototipos, los maestros y el personal encontraron un problema crítico, un problema que podría romper el sistema en menos de un año o causar otros problemas.

El problema estaba en el sistema de transporte, que utilizaba un tubo conectado desde la canaleta hasta el tanque. La tubería estaría alta, pero lo suficientemente baja como para que un joven determinado pudiese saltar y agarrarla en un intento escondido de acceder al techo. Los miembros del equipo y el personal revisaron diversas maneras de mitigar el problema, como la de hacer que el tubo sea menos atractivo, creando un sistema húmedo (en lugar del sistema seco) donde el tubo de transporte estuviese enterrado bajo tierra, y moviendo el almacenamiento contra la pared. Todas estas soluciones eran menos deseables con respecto a la durabilidad o la facilidad. Por último, el equipo encontró una innovadora idea simple y a la vez emocionante.

La innovación era un "zip-tie" y un empalme flexible. El zip-tie conecta el tubo de transporte a las canaletas y un empalme flexible en el otro extremo permite que la tubería doble (Figura 2-9). Ahora, si un estudiante salta y agarra el tubo, en lugar de que la canaleta o el techado se rompan, lo que se rompe es el "zip-tie" que cuesta apenas 5 centavos. En los últimos cuatro años, el zip-tie ha tenido que ser reemplazado únicamente tres veces. Este tipo de innovaciones sencillas pero importantes sólo ocurren como resultado de trabajar en estrecha colaboración con el cliente y los integrantes interesados, creando empatía y entendiendo a los usuarios.

Ese año, los medios de comunicación locales citaron al director diciendo lo siguiente:

"Estoy muy impresionado con la calidad de los proyectos diseñados por estos estudiantes universitarios de segundo año. Esperamos profundizar nuestra asociación con HSU en los años venideros".
~Jan Schmidt, Principal

Y esto es exactamente lo que ha ocurrido. Estos proyectos han sido un éxito increíble y han conllevado a años de alianza HSU-Zane y una transformación del campus.

Debido al empuje de la Escuela Secundaria Zane hacia una más educación más inspiradora tipo STEAM (Ciencia, Tecnología, Ingeniería, Arte y Matemáticas), incluyendo la dedicación de Zane de trabajar con estudiantes de HSU para construir una infraestructura sostenible, Zane recibió el premio Listón de Oro de la Junta de Educación del Estado de California.

Figura 5-8
Sistema de recolección de agua de lluvia en la escuela secundaria Zane en Eureka, California, utilizado para la huerta escolar. Esta foto fue tomada tres años después de la instalación. http://www.appropedia.org/Zane_Middle_School_rainwater_catchment

Figura 5-9
Jardín de la Escuela Secundaria Zane con el sistema de recolección de agua de lluvia en el fondo (izquierda) y durante una presentación (derecha). appropedia.org/Zane_Middle_School_rainwater_catchment

5.5 Democracy Unlimited, Eureka, California

"Democracy Unlimited", del Condado de Humboldt (DUHC) era un espacio de organización comunitaria local en Eureka, California. DUHC organizaba desayunos mensualmente y ayudó a lanzar tanto la Alianza Empresarial Independiente Humboldt y el Humboldt Community Currency Project. También lanzó la iniciativa "Move to amend", una campaña nacional para abolir la denominación de personalidad corporativa.

Conocí al director de DUHC, David Cobb, en una reunión comunitaria que había organizado en el 2006 para buscar soluciones basadas en la comunidad para los problemas que enfrentan nuestras comunidades del Norte de California. Yo estaba impresionado por su claridad y compromiso con la acción comunitaria, y no me sorprendió saber que había sido el candidato presidencial del Partido Verde en el 2004. En el 2007, yo estaba emocionado al saber que DUHC quería un sistema de recolección de agua de lluvia piloto para tecnologías de comunidades resilientes y proporcionar agua para sus jardines, pollos y paisajismo.

Ese año, DUHC se convirtió en el cliente para mi curso de Ingeniería 305: Curso de tecnología apropiada, en el que la estudiante Nicole Vicente asumió la tarea de colaboración encaminada a diseñar y construir un sistema de recolección de agua de lluvia para el recinto DUHC. El diseño era bastante sencillo, ya que la casa tenia dos niveles - proporcionando una buena cabeza de presión- y ya tenia canaletas instaladas. El área del techo era suficiente para recoger agua suficiente para abastecer por un período de tres meses durante la temporada seca gracias al almacenamiento del agua en un tanque de 2,500 galones.

La principal limitante de diseño fue la topografía del lugar; que era bastante plana. Un cuidadoso análisis demostró que sólo habían tres opciones para llevar el agua de lluvia desde el almacenamiento hasta los jardines y el gallinero. Las tres opciones eran: elevar el tanque para que el agua pudiese fluir por gravedad desde el techo hasta el tanque y aún tener suficiente presión para alcanzar el uso final; colocar el tanque en el suelo en el patio de atrás y usar una bomba para presurizar el agua lo suficiente para que llegue al uso final; o a colocar el tanque en el patio delantero que estaba ligeramente más elevado.

Elevar el tanque conllevaba un obstáculo importante tanto de ingeniería como financiero, ya que 2,500 galones tienen un peso de 20,900 libras. Más de 10 toneladas! Además, el uso de electricidad de la red para bombear el agua no cumplía con los objetivos de DUHC, y la energía solar en el 2007 todavía era muy costosa. Por esas razones, el patio delantero se convirtió en el hogar para el tanque (Figura 5-10).

Figura 5-10
La casa DUHC con un tanque de agua de lluvia de 2,500 galones (izquierda) con un uso final para pollos y patos (centro) y jardines (derecha).

Nicole y ayudantes voluntarios construyeron el sistema. Con la primera lluvia, el agua fluyó, comenzó a llenar el tanque y las tuberías tenían la suficiente presión de gravedad para el uso final. Pero lamentablemente, cometimos un gran error.

Sin saberlo, el tanque de agua de lluvia estaba en violación de las leyes de linderos de Eureka. Si nos hubiésemos percatado de esto antes de construir, hubiésemos podido someter un permiso - pero en lugar de esto, la ciudad quería demoler. Esto dio inicio a un proceso de abogacía de un año para cambiar la ley de Eureka. Y tuvimos la suerte de nuestro lado. David Cobb era abogado, y el lenguaje del plan general de la ciudad de Eureka se inclinaba marcadamente hacia el apoyo de este tipo de tecnología de ahorro de agua alimentada por gravedad y natural (Figura 5-11).

Wherever feasible, the natural terrain, drainage and vegetation of the neighborhood should be preserved with superior examples contained within parks or greenbelts.

Neighborhood design should help conserve resources and minimize waste.

Neighborhoods should provide for the efficient use of water through the use of natural drainage, drought tolerant landscaping, and recycling.

Figura 5-11
Ciudad de Eureka - Plan General de metas y políticas en 2007 - Política 1-K-1.

Los miembros del centro comunitario se reunieron para demostrar que el tanque estaba situado en el mejor espacio para conservar los recursos, y que un sistema como este merece un tratamiento distinto bajo la ley. Un ingeniero local en entrenamiento, Tressie Word, tomó la iniciativa en el mapeo del lugar, alistando la ayuda de estudiantes y miembros de la comunidad, y una líder de DUHC, Kaitlin Sopoci-Belknap, tomó la iniciativa en lenguaje y educación. En el 2008, gracias al trabajo de esta colaboración, el permiso fue concedido. Esto significa que cualquier persona en Eureka puede instalar un tanque de agua de lluvia, donde tenga más sentido de gravedad, independientemente del lindero. Al año siguiente, Kaitlin y otros comenzaron a enseñar clases de recolección de agua de lluvia y los medios de comunicación locales ayudaron a promover la idea (Figura 5-12).

Saturday, Jan. 17, 2009 Times-Standard B5

GREEN LIVING

Saving water in a big way

Sharon Letts
The Times-Standard

Eureka residents Kaitlin Sopoci-Belknap and David Cobb are no strangers to human ecology.

Sopoci-Belknap earned a bachelor of arts degree in culture, ecology and sustainable community from the New College of California. Her partner, David Cobb was the Green Party nominee for President of the United States of American in 2004. Both are principals with Democracy Unlimited, a non-profit that designs and implements grassroots strategies exercising democratic power over corporations and governments.

So, it made sense when the couple decided to save a little rain water for their garden and fowl at their Eureka home.

Times-Standard/Sharon Letts

Everyone is served with a rain catchment system, and in this house chickens and a vegetable garden will be equally well-watered. Shown here are homeowner's David Cobb (middle), Kaitlin Sopoci-Belknap (right) and housemate, Megan Wade Antieau (left), with chickens.

Figura 5-12

El noticiero local de Eureka, CA, Times-Standard, cubriendo la historia de agua de lluvia y la promoción de los próximos talleres en el 2009.

Si no fuera por la capacidad de la comunidad local, - incluyendo en el área de derecho, ingeniería, educación, y más - este sistema habría sido clausurado. Ahora, diez años después, ha inspirado (y sigue inspirando) otros sistemas de conservación de agua y educación en general. Como director del DUHC dijo:

> *"Al aprovechamiento del agua de lluvia nos ha ahorrado dinero, ha reducido nuestro impacto medioambiental, y nos ha ayudado a dar un pequeño paso hacia ser más sostenibles y resilientes".*

~David Cobb

5.6 Más Sistemas

Hay docenas de proyectos documentados en Appropedia. Estos proyectos cubren generalmente antecedentes, revisión de literatura, criterios, restricciones de diseño, construcción, mantenimiento y pruebas. Además, algunas de ellas tienen seguimientos que tomaron lugar años más tarde discutiendo los éxitos, fracasos y evolución de los proyectos.

Estas innovaciones e implementaciones han sido todas compartidas, con licencia abierta, para aprovecharlas, adaptarlas y mejorar la recolección de agua de lluvia para todos. Se pueden encontrar en http://appropedia.org/Portal:Rainwater_harvesting. Si está buscando ejemplos DIY a seguir, este es el lugar para buscar (Figura 5-13). Algunos ejemplos incluyen:

- Agua de lluvia para empapar barriles de vino
- Sistema de Agua de lluvia Integrado, con permiso, para uso doméstico en Portland, Oregón, EE.UU.
- Agua de lluvia para un hostal en Costa Rica

Figura 5-13
Varios ejemplos de más sistemas, repletos con investigación, criterios, limitaciones, presupuestos, plazos, fracasos y éxitos, en appropedia.org/Portal:Rainwater_harvesting.

5.7 Organizaciones

Me encanta escuchar las historias de comunidades y personas que se unieron para satisfacer sus necesidades utilizando sus propios recursos. También amo conocer las organizaciones que ayudan a lograr que todo esto suceda. Las siguientes dos organizaciones, Isla Urbana y Spring Health de Paul Polak, ejemplifican sistemas de recolección de agua de lluvia de pequeña escala ampliamente utilizados para lograr un futuro mejor.

5.7.1 Isla Urbana

Isla Urbana diseña y construye sus sistemas en la Ciudad de México y es una de las muchas maravillosas organizaciones que trabajan en sistemas de recolección de agua de lluvia en todo el mundo. Trabajan con muchos aliados para enseñar, entrenar, construir e instalar sistemas de recolección de agua de lluvia en la Ciudad de México y en comunidades de todo México.

Al momento de este escrito, Isla Urbana ha instalado más de 5,000 sistemas que han recolectado más de 360 millones de litros de agua de lluvia. 400 de estos sistemas han sido instalados en comunidades rurales y los restantes 4,600 sistemas en la ciudad. (Figura 5-14 y Figura 5-15)

Figura 5-14
Sistema de recolección de agua de lluvia en una casa en el sur de la Ciudad de México con un Tlaloque (Primer Descarte) hecho por Isla Urbana. Proporciona seis meses de autonomía total de agua por año. appropedia.org/Isla_Urbana

Figura 5-15
Agua de lluvia para el lavaplatos en México por Isla Urbana. appropedia.org/Rainwater_catchment_at_Isla_Urbana

A través de un proceso de diseño iterativo, Isla Urbana ha diseñado un sistema simple y sofisticado que representa los patrones de uso, hojarasca y residuos, y Primer Descarte (First-Flush) mediante un dispositivo empotrado al que llaman Tlaloque. Sus sistemas también incluyen un "acceso lento" (Figura 5-16 punto 3), lo que reduce la entrada de agua al tanque de almacenamiento para evitar perturbar cualquier sedimento que pueda haberse acumulado en la parte inferior del tanque de almacenamiento. Por último, los sistemas de Isla Urbana incluyen sistemas de filtración y cloración automática (Figura 5-16, puntos 4 y 6) para mantener el agua segura y de bajo mantenimiento.

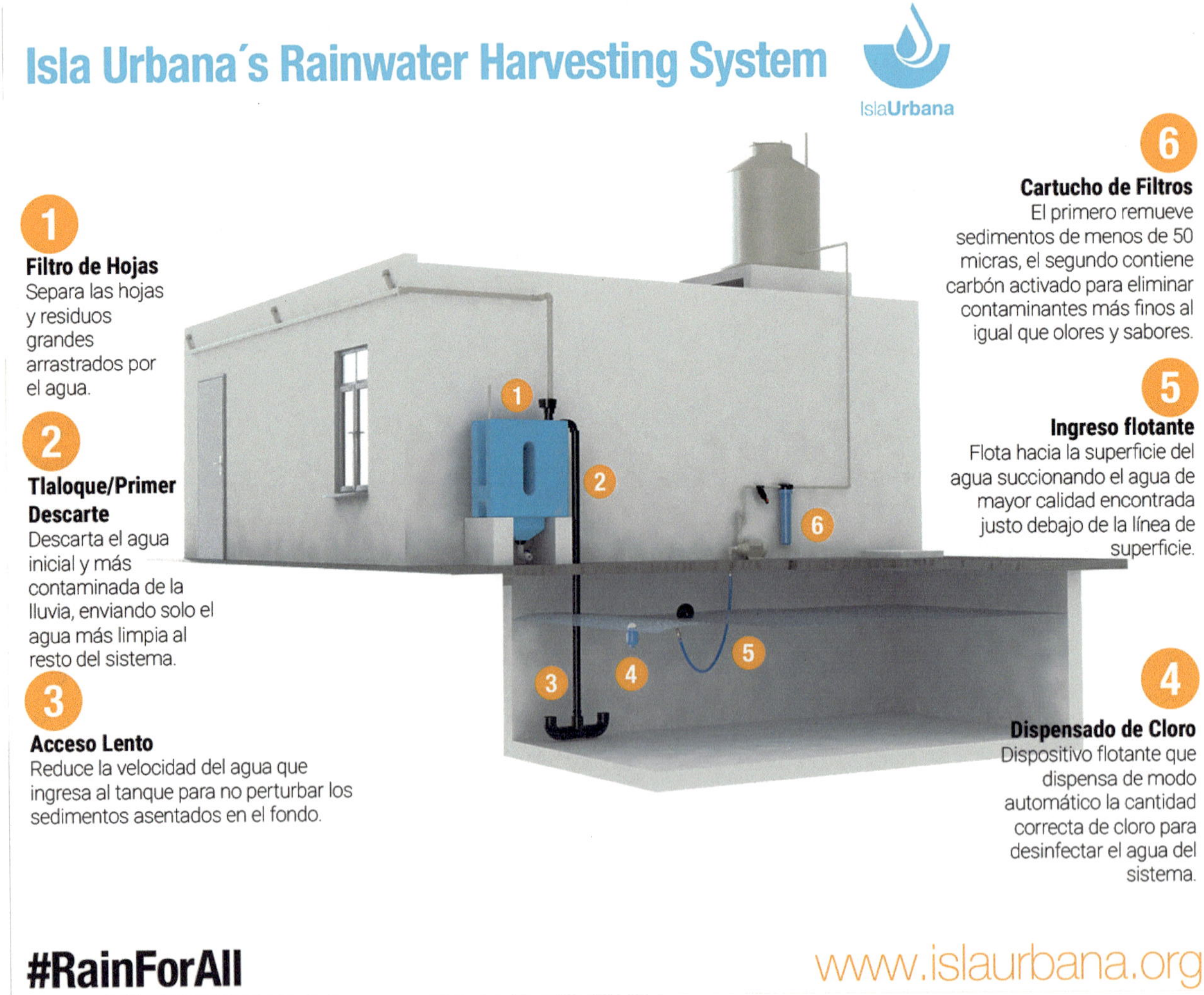

Figura 5-16
El sistema y los componentes de un diseño de isla urbana para sistema de recolección de agua de lluvia. islaurbana.org

Otro aspecto del enfoque de Isla Urbana del cual vale la pena aprender es que se concentran en los vecindarios. Al instalar sistemas cerca unos de otros, y llenar un vecindario con sistemas de recolección de agua de lluvia, Isla Urbana genera una masa crítica de personas conectadas que saben cómo manejar los sistemas. Estos vecindarios de recolección se convierten en un recurso para cada uno de ellos, lo que ayuda a mantener los sistemas en óptimo estado de funcionamiento, y se convierten en vecindarios catalizadores que difunden el conocimiento a otros vecindarios.

5.7.2 Spring Health

Spring Health vende agua limpia en la India, específicamente en áreas de pobreza. En su misión de “mejorar la salud de millones de clientes pobres a través de agua potable reduciendo las enfermedades, eliminando los costos de medicamentos costosos y visitas al médico, y mejorar los medios de subsistencia”, Spring Health tiene un enfoque único, impulsado por el mercado y emprendedurista ante la recolección de agua de lluvia. Mientras que Isla Urbana instala sistemas de recolección de agua de lluvia en hogares y organizaciones, Spring Health emplea un modelo de emprendedurismo de base-de-pirámide para instalar empresas de recolección de agua de lluvia que luego distribuyen y venden el agua de lluvia limpia a un mejor precio de mercado en comunidades que ganan menos de dos dólares al día. Estas entregas se hacen a menudo utilizando bicicletas (Figura 5-17). Uno de los muchos resultados sorprendentes del proceso de diseño iterativo de Spring Health fue que las personas financieramente pobres pagarían hasta 1/3 más del costo total para que su agua fuera entregada a sus hogares en lugar de tener que recogerla. Dicho esto, incluso con el costo de envío adicional, Spring Health ofrece diez litros de agua potable, suficiente para una familia de cinco personas, por menos de $0.10 USD por día.

Al momento de escribir esto, Spring Health vende agua potable a más de 150,000 personas en 260 aldeas cada día. Su objetivo es llegar a los 100 millones de clientes diarios en la India, antes de expandirse a otros países como Bangladesh, Pakistán y Kenia.

Figura 5-17
Un sistema de recolección de agua de lluvia hecho por Spring Health (izquierda) y la bicicleta como vehículo de entrega (derecha). Http://www.paulpolak.com/_slide/spring-heath/

Uno de los co-fundadores de Spring Health es el inspirador Paul Polak. Paul es el autor de *Out of Poverty* y *The Business Solution to Poverty*. Se ha reunido con más de 3,000 familias extremadamente pobres financieramente durante los últimos 30 años, y ha construido empresas para dar servicios a personas en la-base-de-la-pirámide. La obra de Pablo está claramente ilustrada en una de sus declaraciones:

> *"El 90% de los diseñadores del mundo dedican todo su tiempo a resolver los problemas del 10% más rico de la sociedad - antes de que yo muera, quiero invertir esa tonta proporción".*

~Paul Polak

6. Otras cosas útiles

En su trayecto para comprender más profundamente la recolección de agua de lluvia e incrementar la competencia en cuanto al diseño y la construcción, necesitará reunir muchas herramientas más. A continuación vemos algunas de las herramientas para ayudarle a lo largo del camino, específicamente: Unidades relacionadas al agua y dónde encontrar Más Información.

6.1 Unidades relacionadas al agua

Las siguientes conversiones de unidades están directamente relacionadas con la medición y el análisis de sistemas de recolección de agua de lluvia en términos de longitud, área, volumen, masa, presión y conversiones generales de agua.[41]

Longitud

- 1 m = 3.28 ft = 100 cm
- 1 ft = 12 in = 30.48 cm

41 Para las fuentes de contenido, véase, por ejemplo: Unidades de presión - Convertidor en Línea. (N.d.). Fuente:https://www.engineeringtoolbox.com/pressure-units-converter-d_569.html. Precipitaciones en Tejados y Pendientes de Canaletas. (N.d.). Fuente: http://www.engineeringtoolbox.com/sloopes-roof-drainage-d_1107.html

- 1 mi = 5,280 ft = 1.61 km

Área

- Rectángulo: longitud * ancho
- Círculo: $\pi * r^2$
- 1 m^2 = 10.765 ft^2
- 1 km^2 = 0.386 mi^2 = 1,000,000 m^2
- 1 hectárea = 10,000 m^2 = 0.01 km^2 = 2.47 acres
- 1 mi^2 = 2.6 km^2 = 640 acres
- 1 acre = 4,047 m^2 = 43,560 ft^2 (66ft * 660ft) = 1/640 mi^2 ≈ 40% de una hectárea

Volumen

- Área * Profundidad
- Sección transversal rectangular: Longitud * Ancho * Profundidad
- Sección transversal circular: $\pi * r^2$ * Profundidad
- 1 L = 0.264 gal = 1000 cm^3 = 1000 ml
- 1 m^3 = 1000 L = 35.3 ft^3 = 264 gal
- 1 ft^3 (cf) = 28.32 L = 7.482 gal
- 1 gal = 3.785 L = 4 qt = 16 tazas = 128 fl oz.
- 1 acre-pie = 43,560 ft^3 = 325,851 gal

Masa

- 1 kg = 1,000 g = 2.205 lb
- 1 = G = 453.6 lb = 16 oz.

- 1 US tonelada corta = 907 kg = 2,000 lb
- 1 tonelada métrica = 1,000 kg = 2,205 lb

Presión

- 1MPa = 10 bar = 9.87 atm = 145 psi
- Ver Presión del agua para más información

Agua (a 4°C y 1 atm)

- Densidad: 1 g/ml = 1 g/cm^3 = 1 kg/L = 1,000 kg/m^3
- Densidad: 62.4 lb/ft^3 = 8.34 lb/gal.
- Presión: 0.4335 psi por cada pie vertical de agua

6.2 Más información

Fe de erratas y evolución: Los sistemas de recolección de agua de lluvia continúan evolucionando, especialmente cuanto más compartimos y estudiamos nuevas técnicas. Además, aunque se ha hecho todo lo posible para mantener el contenido de libro libre de errores, cualquier error encontrado será documentado inmediatamente. Estas evoluciones y siguientes pasos así como cualquier error encontrado en el mismo serán documentados en http://appropedia.org/to_catch_the_rain/errata.

Otros libros, investigaciones y calculadoras: Muchos libros importantes así como artículos publicados y arbitrados tocan el tema de recolección de agua de lluvia. Con el fin de permanecer actualizados, estos libros se encuentran en http://www.appropedia.org/Rainwater_books. Los artículos están recogidos en http://www.appropedia.org/Rainwater_catchment_literature_review. Además, calculadoras de agua de lluvia se encuentran en http://www.appropedia.org/Rainwater_calculators.

Información sobre el clima: Grandes lugares para buscar datos sobre el clima, especialmente datos de precipitación, incluyen el Servicio Geológico de los Estados Unidos (USGS), la Administración Nacional Oceánica y Atmosférica (NOAA) y el Centro Mundial de la Climatología de Precipitación (GPCC). Más conjuntos de datos climáticos más actualizados están listados en http://www.appropedia.org/Climate_data.

Procedimientos de Proyectos: La mayoría de los proyectos en este libro se tratan en detalle en Appropedia. Los proyectos están listados y vinculados en http://appropedia.org/To_Catch_the_Rain#projects.

6.3 Economía

Los sistemas de recolección de agua de lluvia pueden variar grandemente en precio y tiempo de amortización (el tiempo requerido para recuperar la inversión inicial). Algunos sistemas se pagan ellos mismos rápidamente (por ejemplo, en sistemas donde se seleccionan materiales baratos y donde el agua limpia es costosa), algunos sistemas tomarán años para pagarse a sí mismos (especialmente en las zonas donde los materiales son costosos y el agua limpia es muy barata), y algunos sistemas se pagarán inmediatamente en lugares donde el agua limpia es difícil de obtener. Una manera sencilla de examinar los costos es sumando el total de los costos de construcción y mantenimiento y compararlos con los costos del agua reemplazada (Figura 6-1).

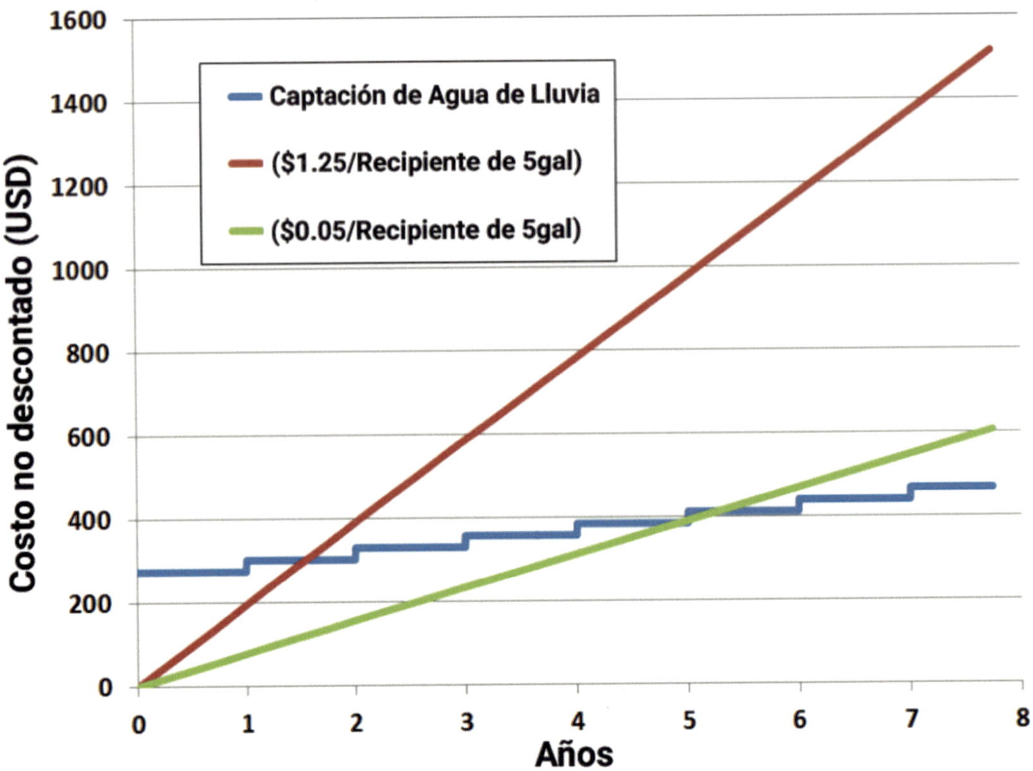

Figura 6-1

Reembolso simple de la inversión en el sistema de La Yuca comparado a recipientes de 5 Galones de Jesse Shrader appropedia.org/La_Yuca_rainwater_catchment_2012

En el sistema de agua de lluvia de La Yuca, dos períodos de amortización fueron calculados, uno con agua a bajo costo y uno con agua de alto costo. El periodo de amortización para el escenario de agua de alto costo ($1.25 dólares por recipiente de cinco-galones) fue de aproximadamente 1.7 años. El período de amortización para el escenario de agua de bajo costo ($0.50 dólares por recipiente de cinco galones) fue de aproximadamente 5.2 años. Los incrementos anuales en el sistema de recolección de agua de lluvia línea representan los cambios de filtro. Estos cambios de filtro se amortizan rápidamente tanto en el escenario de alto como en el de bajo costo del agua.

En última instancia, corresponde a los usuarios a determinar el valor del sistema.

6.4 Leyes

La recolección de agua de lluvia es legal en gran parte del mundo. Según la sequía afecta a más zonas, las leyes locales están cambiando constantemente y, a veces, permiten alentar o imponer, la recolección de agua de lluvia. Para vínculos e informaciones actualizadas ver http://appropedia.org/Rainwater_laws.

6.5 Cláusula de exención de responsabilidad

Toda la información en este libro es proporcionada sólo para fines informativos. De ninguna manera pretende cualquier información aquí presentada sustituir el asesoramiento que puede ser proporcionado por un profesional.

Además, en muchas localidades existen leyes específicas relacionadas con la recolección de agua de lluvia. Así que es importante cerciorarse de las leyes locales.

El propósito de este libro es informar y fomentar la investigación, colaboración, innovación y la acción durante el proceso de creación de capacidad y organización. Es importante leer críticamente y consultar las muchas fuentes proporcionadas en el libro y en los enlaces relacionados de Appropedia. Si utiliza esta información en su casa o en cualquier otro lugar, es importante tener extremas precauciones y escuchar los consejos de los demás. Tome las precauciones apropiadas para su propia seguridad y la de los demás.

Toda la correspondencia por correo electrónico con el autor o editores de este libro también está cubierta por el presente aviso legal.

6.6 Limpieza

Diferentes sistemas de recolección de agua de lluvia van a requerir niveles diferentes de limpieza. Por ejemplo, un sistema creado para agua potable requerirá más limpieza que un sistema creado para regar las plantas. Además, una ubicación más sucia requerirá más limpieza que un sistema creado en un entorno limpio. Por último, un sistema con una rejilla y Primer Descarte (First-Flush) bien diseñados requerirá menos limpieza de los componentes de almacenamiento que un sistema diseñado sin estas medidas.

Los métodos de limpieza más comunes incluyen inspección visual regular de las canaletas y rejillas en busca de acumulaciones que pueden limpiarse con la mano. Revisar cada mes durante el primer año, ayudará a determinar cuál es el programa de revisión y mantenimiento que debemos seguir en el futuro. Además, el contenedor de almacenamiento debe ser verificado cada uno o dos años en busca de acumulación. Cualquier acumulación debe ser removida con la mano, aspiradora o por drenaje (si hay uno diseñado como parte del sistema). Después de la limpieza de la acumulación, se debe revisar el interior del almacenamiento en caso de se necesite cepillar alguna parte para limpiarlo. Por último, dependiendo del material del tanque de almacenamiento, se puede considerar agregar cloro periódicamente para su limpieza. Ver appropedia.org/Rainwater_tank_cleaning para más información.

7. Ejercicios de Práctica (Problemas)

Los problemas de ejercicio siguientes pueden utilizarse para perfeccionar sus habilidades matemáticas, desarrollar su sentido para las unidades, practicar el dimensionamiento de su propio sistema, clases de matemáticas y ciencias, o simplemente por diversión. Los ejercicios están vagamente divididos en Uso, Recolección, Almacenamiento, Canaletas, Primer Descarte (First-Flush), Purificación y Síntesis, pero también puede elegir aquellos que le inspiren y/o reten.

7.1 Uso

1. Convertir 10 LPS (litros por segundo) en un caudal en GPM (galones por minuto).
2. Calcular el consumo total (en litros) de un grifo que fluye a 2.00 GPM durante 3 minutos.
3. Calcular la tasa de flujo (en GPM) de un grifo usando un balde de 5 galones y un temporizador. En este caso, supongamos que el balde se llena en 150 segundos.

4. Calcular la tasa de flujo (GPM) de un grifo utilizando una botella de 1 litro y un temporizador. En este caso, supongamos que la botella se llena en 8.00 segundos.

5. Calcular el consumo total (en litros) de un sanitario (wc) 1.50 LPF utilizado 4.00 veces al día después de 1 mes (asumir marzo).

6. Calcular cuánto tiempo tomará llenar un tanque de 800 galones con una manguera que tiene un caudal de 10 GPM.

7. Calcular el volumen total (en galones) de agua desperdiciada después de un mes (asumir el mes de marzo) por una fuga de 0.100 GPM.

8. Calcular el total mensual (asumir el mes de marzo) de uso de agua de una casa teniendo en cuenta los siguientes datos:

    - Un sanitario (wc) de 2.00 LPF utilizado 2 veces al día
    - Un fregadero de 1.50 GPM utilizado por 15 minutos al día
    - Un fregadero de 1.80 GPM utilizado por 20 minutos al día
    - Una ducha de 2.30 GPM utilizada por 8 minutos al día
    - Una manguera de 3.00 GPM utilizada por 10 minutos diariamente
    - Una maquina lavavajillas de 9.00 Galones por lavado utilizada dos veces por semana
    - Una maquina lavarropas de 20.0 galones por lavado utilizada una vez por semana.
    - Recuerde que debe combinar cada resultado para obtener el uso de agua mensual total!

9. Complete una auditoría de uso doméstico de agua para su propia casa o, si no tiene una casa, considere su uso de agua diario en cual sea su vivienda.

10. Grabar un vídeo de 2 GPM.

7.2 Recolección

11. Calcular el volumen total (en galones) de 2.00 pulgadas de lluvia que caen en un recipiente con una sección transversal de 1.00 ft^2.

12. Calcular el volumen total (en galones) de 2.00 pulgadas de lluvia cayendo en un recipiente cilíndrico con un diámetro de 1.00 ft.

13. Calcular el volumen total (en galones) de 2.00 pulgadas de lluvia que caen en un recipiente con una sección transversal de 800 ft^2.

14. Calcular el volumen total recaudable (en galones) de 2.00 pulgadas de lluvia cayendo en un techo metálico con una huella de 1,200 ft^2.

15. Calcular el volumen total recaudable (en galones) de 2.00 pulgadas de lluvia cayendo en un techo de tejas con un área de 1,500 ft^2 y una huella de 1,300 ft^2.

16. Calcular el volumen total recaudable (en litros) de 50.0 mm de lluvia cayendo en un techo metálico con una huella de 160 m^2.

17. Calcular y graficar los volúmenes mensuales de recolección (en galones) para la precipitación en Columbia, Missouri sobre un techo metálico con una huella de 1,200 ft^2.

18. Calcular y graficar los volúmenes mensuales de recolección (en galones) de lluvia en su ciudad natal sobre un techo metálico con una huella de 800 ft^2.

19. Calcular el volumen de recolección mensual (en galones) de 2.00 pulgadas de lluvia cayendo sobre 2.00 acres de recolección

20. Tome una foto de 100 pies cuadrados.

7.3 Almacenamiento

21. Enumere cuatro tipos de contenedores de almacenamiento de agua de lluvia.

22. Calcular el volumen de almacenamiento (en galones) de un tubo de PVC de 3" de 1.00ft de longitud.

23. Calcular el volumen de almacenamiento (en galones) de un tubo de PVC de 4" de 1.00ft de longitud.

24. Calcular el volumen de almacenamiento (en litros y galones) de un Cubitanque (IBC) que es de 1.00 m x 1.00 m x 1.05 m.

25. Calcular el volumen de almacenamiento (en galones) de un tanque de ferrocemento de 8.00ft de diámetro y 10.0ft de altura.

26. Calcular el volumen de almacenamiento necesario para la recolección de todas las lluvias caídas en los meses de mayor precipitación en Columbia, Missouri, cayendo sobre un techo de tejas con una huella de 900 ft^2

27. Calcular el volumen de almacenamiento necesario para la recolección de todas las lluvias caídas en los meses de mayor precipitación en Columbia, Missouri, cayendo sobre un techo metálico con una huella de 900 ft^2.

28. Calcular la altura necesaria para un tanque de ferrocemento cilíndrico con un diámetro de 5 ft para almacenar 400 galones de agua de lluvia.

29. Calcular la profundidad necesaria para un almacenamiento tipo estanque cercado soterrado que tiene 8 ft de largo por 4 ft de ancho con capacidad para 500 galones de agua de lluvia.

30. Tome una foto de un almacenamiento de 100 galones

7.4. Canaletas

31. Enumerar y describir brevemente cuatro tipos de canaletas.

32. Utilice la regla práctica de área para determinar el tamaño de canaletas para un techo plano de casi 1,100 ft^2 en Columbia, Missouri.

33. Enumere tres formas de corregir canaletas que son demasiado pequeñas.

34. Calcular el peso en libras, de un tubo de 3" de 12 pies de largo y está lleno de agua.

35. Calcular que tanto más bajo debe estar el extremo (salida del caudal) de una canaleta en comparación a la altura al inicio de la misma para una extensión de 20 pies utilizando la regla práctica para la diferencia mínima.

7.5. Primer Descarte (First-Flush)

36. Describir la finalidad del Primer Descarte.

37. Utilice el método de decaimiento exponencial para determinar el volumen óptimo del Primer Descarte para un techo con una huella de 1,100 ft^2 en Columbia, Missouri, y λ de 0.8.

38. Utilice la regla práctica basada en el área para determinar el volumen óptimo de Primer Descarte para un techo con una huella de 1,100 ft^2 en Columbia, Missouri.

39. Describir un método existente, o crear y describir su propio método para captar y evacuar el agua de Primer Descarte. Dibujar y etiquetar su diseño.

7.6. Purificación

40. Describir la finalidad de filtración en un sistema de recolección de agua de lluvia.

41. Enumerar y describir brevemente los mejores usos para cuatro opciones diferentes de purificación de agua.

7.7. Síntesis

42. Describir la diferencia, con sus pros y contras, de un sistema seco versus un sistema húmedo de recolección de agua de lluvia.

43. Describir la diferencia, con los pros y contras de un sistema activo versus pasivo de recolección de agua de lluvia.

44. Enumerar y describir brevemente los componentes de un sistema Edificado en un hogar para la recolección de agua de lluvia.

45. Enumerar y describir brevemente los pros y contras de la recolección del agua de lluvia desde una perspectiva técnica.

46. Enumerar y describir brevemente los pros y contras de la recolección del agua de lluvia desde una perspectiva financiera.

47. Enumerar y describir brevemente los pros y contras de la recolección del agua de lluvia desde una perspectiva sociocultural.

48. ¿Cuáles son los tres mayores desafíos para satisfacer las necesidades de agua a través de la recolección de agua de lluvia? Justifique su respuesta.

49. Diseñe su propio sistema integrado de recolección de agua de lluvia. Asegúrese de considerar la recolección, tuberías, Primer Descarte (First-flush), gravedad, almacenamiento, purificación y uso final. Dibujar y nombrar las partes de su sistema.

Epílogo

Este fue mi primer libro. Como muchos autores, escribir este libro ha sido un trabajo de amor para mí. Tengo cinco trilogías en mente para este mismo estilo de libro. Cada uno centrado en un recurso diferente (por ejemplo, agua, energía, y recursos no físicos también). Dicho esto, como en todos mis diseños, quiero iterar con usted. También veo este libro, como la mayoría de las cosas en mi vida, como un prototipo. Voy a escribir el siguiente libro, si este libro llega a tener un cierto nivel de impacto. Si no, probablemente voy a centrar mi energía en otras cosas. Aquí hay algunas cosas que usted puede hacer para ayudar:

1. Escriba un comentario sobre este libro en *http://appropedia.org/To_Catch_The_Rain#Add_your_review*

2. Compre una copia del libro en *Http://tocatchtherain.org*

3. Comparta este libro con otras personas

4. Comparta en línea con el tag *#tocatchtherain*

5. Comparta su historia de agua de lluvia en línea *http://appropedia.org/To_Catch_The_Rain#Your_story*

Independientemente de lo que pase después, por favor, acepten mi sincero agradecimiento por su interés, compromiso y esfuerzo por crear un mejor futuro para su comunidad.

Obras citadas

Cobbina, S. J., et al. Rainwater quality assessment in the Tamale municipality (Evaluación de la calidad de agua de lluvia en el municipio de Tamales). Int. J. Sci. Technol. Res 2 (2013): 1-10

DeBusk, K., & Hunt, W. (2014, Febrero). La recolección de agua de lluvia: Una revisión exhaustiva de la literatura. (Rainwater Harvesting: A Comprehensive Review of Literature). Fuente: https://repository.lib.ncsu.edu/bitstream/handle/1840.4/8170/1_NC-WRRI-425.pdf

Gutierrez-Jimenez, J. (2014). Evaluation of A Point-Of-Use Water Purification System (Llaveoz) in a Rural Setting of Chiapas, Mexico (Evaluación de un sistema de purificación de agua en el punto de uso (Llaveoz) en un entorno rural de Chiapas, México). Revista de la microbiología y experimentación, 1(3). doi:10.15406/jmen.2014.01.00015

Haan, C. T., Barfield, B. J., & Hayes, J. C. (1999). Design Hydrology and Sedimentology for Small Catchments (Diseño de hidrología y sedimentología para Pequeñas Recolecciones). San Diego u.a.: Prensa Académica

Lavado de manos: Manos limpias salvan vidas. (2015, Noviembre 18). Fuente https://Www.cdc.gov/handwashing/why-handwashing.html

Hazeltine, B.; Toro, C. (1999). Appropriate Technology: Tools, Choices, and Implications (Tecnología Apropiada: Herramientas, Opciones y Consecuencias). Nueva York: Academic Press, págs. 3 y 270. 0-12-335190-1 ISBN

Kniffen, B., Clayton, B., Kingman, D., Jaber, F. (2012). Rainwater Harvesting: System Planning (La recolección de agua de lluvia: Planificación del sistema). Fort Stockton, TX. Universidad Texas A&M. Pág. 71.

Maldonado, Iván Nelinho Pérez, Lucía Guadalupe Pruneda Álvarez, Fernando Díaz-Barriga, Lilia Elisa Batres Esquivel, Francisco Javier Pérez Vázquez y Rebeca Isabel Martínez Salinas (2011). Indoor Air Pollution in Mexico, The Impact of Air Pollution on Health, Economy, Environment and Agricultural Sources (La contaminación del aire en interiores en México, el impacto de la contaminación del aire

en la Salud, la economía, el medio ambiente y las fuentes agrícolas), Dr. Mohamed Khallaf (Ed.), InTech, DOI: 10.5772/19864. También recuperado de https://www.intechopen.com/ books/the-impact-of-air-pollution-on-health-economy-enviroment-and-agricultural-sources/indoor-air-pollution-in-Mexico

Martinson, B. & Thomas, T. (2005). Cuantificando el fenómeno del Primer Descarte. En la 12ª Conferencia Internacional de Sistemas de Recolección de Agua de Lluvia

Méndez, C. B., Afshar, B. R., Kinney, K. Barrett, M. E., y Kirisits, M. (2010, enero). Efecto del material del techo sobre la calidad del agua en los sistemas de recolección (Effect of Roof Material on Water Quality for Rainwater Harvesting Systems). de agua de lluvia. Fuente: https://graywateraction.org/wp-content/uploads/2014/11/Effect-of-Roof-material-on-Water-Quality-for-Rainwater-Harvesting-Systems.pdf

Reglamento Nacional Primario de Agua Potable (National Primary Drinking Water Regulations). (2017, marzo 21). Fuente: https://www.epa.gov/ground-water-and-drinking-water/national-primary-drinking-water-regulations

Pearce, Josué M., Lonny Grafman, Thomas Colledge, Ryan Legg, (2008). Aprovechando la tecnología de la información, el Emprendimiento Social, y la colaboración mundial para el Desarrollo Sostenible. 12, 201-210 NCIIA anual

Porter, D.O., Persyn, R.A., Silvy, V.A. (2004). Rainwater Harvesting. Fort Stockton, TX (La recolección de agua de lluvia. Fort Stockton, TX). Universidad Texas A&M.

Conversión en línea de Unidades de presión (n.d.). Fuente: http://www.engineeringtoolbox.com/pressure-units-converter-d_569.html

Las precipitaciones en tejados y pendientes de canaletas. (N.d.). Fuente: Http://www.engineeringtoolbox.com/sloopes-roof-drainage-d_1107.html

Comisión de Calidad Ambiental de Texas (2007). La recolección, el almacenamiento y tratamiento de agua de lluvia para uso doméstico en interiores (Harvesting, Storing, and Treating Rainwater for Domestic Indoor Use). Fuente: http://rainwaterharvesting.tamu.edu/files/2011/05/gi-366_2021994.pdf

Waterfall, P. (2006). La recolección de agua para utilización en paisajismo (Harvesting Water for Landscape Use). Fuente: https:// extension.arizona.edu/sites/extension.arizona.edu/files/pubs/az1344.pdf

Yujie, Q., de Gouvello, B., y Bruno, T. (2016, junio). Caracterización cualitativa del fenómeno del Primer Descarte (First-Flush) en sistemas de techo para la recolección de agua de lluvia. En la Conferencia LID (Conferencia de Desarrollo de Bajo Impacto) del 2016.

Tabla de Contenido

Q

R

S

T

U

V

Z

Biografía del autor

Lonny Grafman es un instructor en la Universidad Estatal de Humboldt; fundador del programa de verano en el extranjero, inmersión y tecnología de la comunidad resiliente Practivistas; gerente del proyecto de arte urbano epi-apocalíptico SWALE; Encargado Oficial de Productos de Nexi; y Presidente de la Fundación Appropedia, compartiendo conocimientos para construir vidas ricas y sostenibles.

Lonny ha desarrollado cursos en universidades de cuatro países y ha facilitado participaciones en todo el mundo. Ha sido miembro y liderado equipos en cientos de proyectos nacionales e internacionales en un amplio espectro de diseño sostenible y emprendedurismo - desde energía solar hasta estufas mejoradas, desde micro-hidroelectricidad hasta sistemas de recolección de agua de lluvia, desde bioconstrucción, hasta aulas escolares hechas con botellas plásticas (ecoladrillo). A lo largo de todas estas implementaciones de tecnología, ha descubierto que el componente más importante es siempre la comunidad misma.

TWITTER	LINKEDIN	FACEBOOK	INSTAGRAM
@lonnygrafman	LonnyGrafman	Lonnyg	@lonnygrafman

Made in the USA
Monee, IL
10 September 2026

62770140R00102